Pausen machen munter

Kraft tanken am Arbeitsplatz

Julia Scharnhorst

1. Auflage

HAUFE.

Inhalt

Vorwort

Der Druck in der Arbeitswelt steigt stetig an. Viele Menschen versuchen, den immer höheren Leistungsansprüchen dadurch gerecht zu werden, dass sie pausenlos arbeiten. Sie verzichten auf die ihnen zustehenden Pausen am Arbeitsplatz, machen Überstunden und nehmen Arbeit mit in die Freizeit. Kein Wunder, dass die Krankschreibungen wegen psychischer Erkrankungen, z. B. Depressionen und Burn-out, seit Jahrzehnten ungebremst ansteigen.

Nur wenn die Balance zwischen Phasen der Anspannung und Zeiten der Entspannung stimmt, bleiben Sie dauerhaft leistungsfähig. Dieser TaschenGuide hilft Ihnen dabei, dieses Gleichgewicht in Ihrem Leben zu finden.

Er enthält eine Fülle von leicht umsetzbaren Anregungen, Übungen und Techniken, wie Sie Ihre Pausen und Ihren Feierabend so gestalten, dass Sie wirklich wieder neue Energie tanken können und Ihre Kräfte erhalten. Sie erfahren alles über die wohltuende und leistungsfördernde Wirkung von Pausen und Auszeiten. Führungskräfte finden wertvolle Tipps, wie sie sowohl für sich selbst, als auch für ihr Team eine gute Pausenkultur schaffen können.

Erholen Sie sich gut!

Julia Scharnhorst

Warum wir Pausen brauchen

Pausen sind wichtig. Auf sie zu verzichten, weil der Arbeitsdruck so hoch ist und Sie glauben, so mehr zu schaffen, ist keine gute Idee. Im Gegenteil: Sie verringern damit Ihre Leistungsfähigkeit und Sie schaden Ihrer Gesundheit.

In diesem Kapitel erfahren Sie u. a.,

- wie sich kurze Auszeiten auf Ihr Wohlbefinden auswirken,
- warum sie eine gute Burn-out-Vorbeugung sind,
- welche negativen Folgen es hat, wenn Sie nicht genügend Pause machen,
- wie die rechtlichen Pausenregelungen aussehen.

Leben Sie nach Ihrem Biorhythmus

Gehören Sie auch zu den Menschen, die glauben, den ganzen Arbeitstag (und möglichst auch danach) gleichmäßig leistungsfähig sein zu müssen? Bei der Arbeit denken viele, sich verhalten zu müssen, als ob sie Maschinen wären: morgens auf den Knopf drücken – funktionieren, abends wieder auf den Knopf drücken – abschalten. Das klappt so leider nicht, wir leben nach biologischen und nicht nach willkürlich gesetzten Rhythmen. Um gesund und leistungsfähig zu bleiben, brauchen wir einen regelmäßigen Wechsel von Phasen der Anspannung und der Entspannung.

Nutzen Sie Ihre eigenen Rhythmen

Unsere inneren Rhythmen und biologischen Abläufe werden vorwiegend durch das Tageslicht gesteuert. Unser Hormonhaushalt ändert sich im Laufe des Tages und beeinflusst den Wechsel von Anspannung und Aktivität sowie Ruhe und Erholung im Organismus. Während des Tages sind wir auf Aktivität eingestellt, während der Nacht auf Ruhe und Schlaf.

> Weil Nacht- und Schichtarbeiter andauernd gegen ihre natürlichen Rhythmen leben müssen, brauchen sie besonders viele Pausen – auch während der Arbeitszeit!

Während des Tages schwankt unsere Leistungsfähigkeit entsprechend unserem sog. Biorhythmus. Am gesündesten ist es, wenn wir nicht gegen, sondern mit dem Biorhythmus leben und unsere Aktivitäten unserer natürlichen Leistungskurve anpassen.

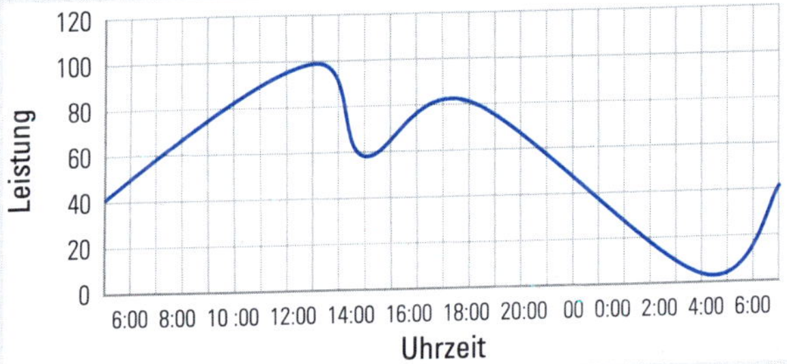

Typischer Biorhythmus

So sollte Ihr Tagesablauf aussehen, wenn Sie einen ähnlichen Biorhythmus haben, wie unser Beispiel zeigt:

Uhrzeit	Aktivitäten
7 – 8	In den Arbeitstag starten
8 – 10	Warm werden – E-Mails, Post, Telefon
10 – 11.30	Erste Hochphase des Tages – beste Zeit für kreative und mentale Arbeiten
11.30 – 11.40	Kurze Pause
11.40 – 13	Beste Zeit für komplizierte und anspruchsvolle Arbeiten
13 – 14	Essenszeit!
14 – 15	Nach-Mittagstief – jetzt am besten Routineaufgaben erledigen
15 – 17	Zweite Hochphase des Tages – Zeit für anspruchsvolle Aufgaben
17 – 19	Feierabend aktiv, z. B. Sport, Hobbys

Uhrzeit	Aktivitäten
19 – 23	Zur Ruhe kommen, genießen
23 – 3	Tiefschlaf
3 – 7	Zeit für Träume (REM-Schlaf)

Die individuelle Leistungskurve

Vielleicht weicht Ihr persönlicher Biorhythmus etwas von der Norm ab und Sie sind der Typ »Lerche«, der morgens früher fit ist. Oder Sie sind eher der Typ »Eule«, der später aktiv wird. Erstellen Sie mithilfe der folgenden Vorlage Ihre eigene Leistungskurve (eine Vorlage zum Download finden Sie unter http://mybook.haufe.de, Buchcode TGA-HL12, in der Rubrik »Kommunikation & Soft Skills«).

Beobachten Sie Ihr Energielevel über einen oder mehrere Tage hinweg und schätzen Sie zu jeder vollen Stunde Ihre Leistungsfähigkeit auf einer Skala von 0 (= keinerlei Energie) bis 100 (= volle Energie) ein. Tragen Sie Ihr Energielevel bei der jeweiligen Uhrzeit ein und verbinden Sie die Einträge am Ende zu einer Kurve. Entspricht Ihre Kurve ungefähr dem hier beschriebenen Biorhythmus? Haben Sie Ihre Leistungshochs und -tiefs identifiziert? Dann erkennen Sie sicher auch schon, wann Ihnen im Tagesverlauf Pausen guttun würden – nämlich immer dann, wenn Ihr Organismus Ihnen einen Leistungsabfall anzeigt.

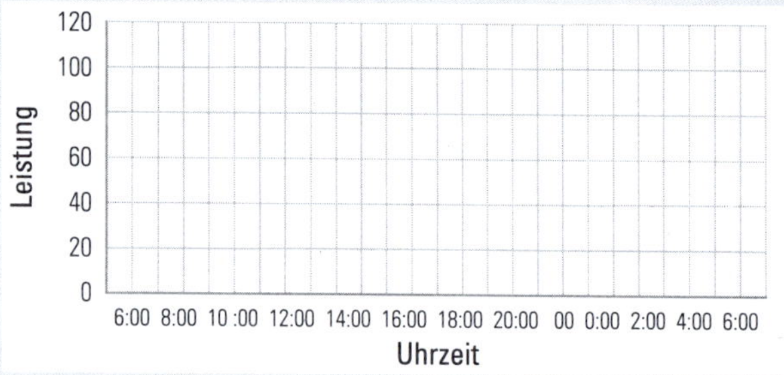

Ihre Leistungskurve

> Nicht immer können Sie im Berufsalltag Ihrem Biorhythmus folgen, etwa, weil Sie Ihren Arbeitsbeginn nicht flexibel gestalten können und um acht Uhr morgens vor Ort sein müssen. Dennoch hilft es zu wissen, wann Sie mehr, wann weniger leistungsfähig sind: Organisieren Sie Ihre Arbeit und vereinbaren Sie wichtige Termine rhythmusgerecht!

Pausenlos arbeiten hat Folgen

Gönnen Sie sich nicht genügend Pausen und Auszeiten, wirkt sich das negativ auf alle Bereiche Ihres Organismus aus, und es treten typische Erschöpfungszeichen auf:

- **Körper:** Müdigkeit, Gefühl der Erschöpfung, Kopf- oder Rückenschmerzen, Brennen der Augen, Verkrampfungen
- **Stimmung:** Gereiztheit, Ärger, Ungeduld, Gleichgültigkeit
- **Geist:** mangelnde Konzentration, mehr Fehler, Vergesslichkeit, verringertes Reaktionsvermögen, sinkendes Leistungsniveau, leichter ablenken lassen

Leider bemerken wir die Pausensignale immer weniger, je länger wir die nötige Auszeit vor uns herschieben. Oft spüren wir unsere Grenzen erst dann, wenn sich schon deutliche Symptome zeigen, z. B. Schmerzen, Durst oder Erschöpfung.

Wenn Sie mehr als acht Stunden am Tag arbeiten, leben Sie deutlich gefährlicher! Die negativen Folgen der Arbeitsbelastung lassen sich nicht mehr abbauen und auch Ihre Erholungsfähigkeit im Schlaf leidet. Das führt schließlich zu erhöhten Gesundheitsrisiken. Und auch das Unfallrisiko, etwa auf dem Arbeitsweg, steigt.

Pausensignale erkennen

Beobachten Sie sich selbst: Wie will Ihr Organismus Ihnen zeigen, dass er jetzt eine Auszeit braucht? Was sind Ihre typischen Pausensignale?

Meine Pausensignale

Viele Menschen übergehen die Anzeichen für Erholungsbedürftigkeit, weil sie so viel Arbeit haben. Sie glauben, keine Zeit für Pausen zu haben. Tatsächlich ist es jedoch so, dass Sie für Ihre Arbeit länger brauchen, wenn Sie sich zu wenige Erholungszeiten gönnen. Sie werden langsamer und machen mehr Fehler, Sie brauchen immer länger, um sich auf neue Aufgaben einstellen zu können. Und wenn Sie dann endlich Feierabend machen, sind Sie völlig erschöpft, so erschöpft, dass der Antrieb für aktive Erholung nach der Arbeit fehlt.

Der Verzicht auf Pausen kostet nicht nur mehr Zeit, als die Pausen in Anspruch genommen hätten – er verkürzt auch Ihre Lebenszeit. Fangen Sie heute damit an, Ihre Zeit gut zu nutzen: Gönnen Sie sich im Arbeitsalltag Pausen. Ihr Arbeitspensum werden Sie damit genauso schnell, aber entspannter meistern! Sehen Sie die Zeit für Pausen als Investition in mehr Produktivität und mehr Lebensqualität.

Die Gesundheit schützen

Wenn Sie sich über einen längeren Zeitraum zu wenig Erholungszeit zugestehen, leidet bald auch Ihre Fähigkeit zur Regeneration. Insbesondere Schlafstörungen können auftreten, selbst nachts kann der Körper sich dann nicht mehr erholen. So entsteht ein Teufelskreis, der früher oder später zu gesundheitlichen Schäden führt! Wer dauerhaft unter Stress und Anspannung steht und dabei auf Pausen verzichtet, kann ernsthaft krank werden. Sowohl körperliche als auch psychische Störungen können auftreten. Ein Burn-out z. B. ist auch eine Folge mangelnder Erholung.

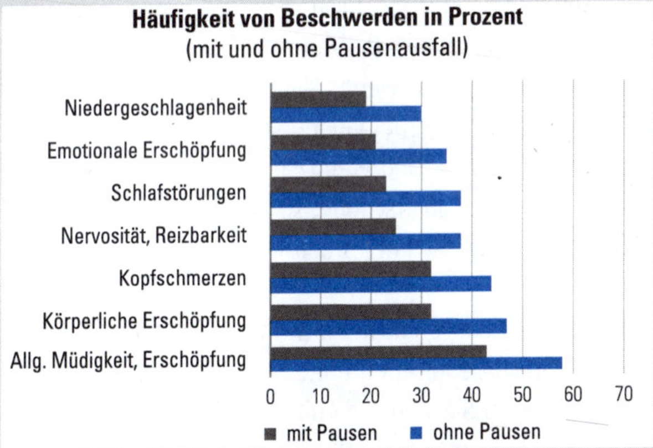

Wirkung von Pausen auf bestimmte Beschwerden; Quelle: Bundesanstalt für Arbeitsschutz und Arbeitsmedizin

Warum wir auf Pausen verzichten

Im letzten Stressreport der Bundesanstalt für Arbeitsschutz und Arbeitsmedizin aus dem Jahr 2012 wurden über 17.000 Personen unter anderem dazu befragt, wie sie es mit ihren Pausen im Arbeitsalltag halten. Mehr als ein Viertel der Befragten gab an, an Arbeitstagen mit mehr als 6 Stunden Arbeitszeit die Pausen häufig ausfallen zu lassen. Als Begründungen wurden genannt, dass

- man zu viel Arbeit habe,
- die Pausen nicht in den Arbeitsablauf passen oder dass
- man keine Pausen machen möchte.

Frauen argumentieren eher, »zu viel Arbeit« zu haben (45 % Frauen gegenüber 32 % Männern), während Männer eher die Störung im Arbeitsablauf nennen (42 % Frauen gegenüber 53 % Männern).

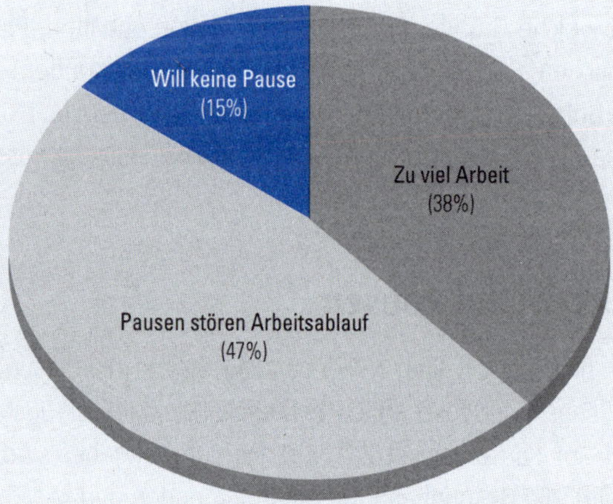

Gründe für den Verzicht auf Pausen

Wer auf Pausen verzichtet, tut dies oft aus Angst, seine Arbeit nicht zu schaffen. Aber es gibt noch einen anderen Grund: Pausen haben ein »schlechtes Image«. Man fürchtet, als nicht leistungsfähig oder engagiert zu gelten, wenn man Pausen macht. Diese Befürchtung wird durch Führungskräfte verstärkt, die jede Verschnaufpause als Faulheit der Mitarbeiter ahnden und sie misstrauisch kontrollieren.

In einigen Berufen trägt innerer Druck dazu bei, dass Pausen nicht eingehalten werden. In Gesundheits-, Sozial- und Erziehungsberufen fallen Pausen besonders häufig aus. Die Begründung lautet dann oft: »Ich kann doch die Menschen nicht hilflos und unversorgt lassen, nur, weil ich Pause machen will!«

Doch welche Gründe auch immer Sie davon abhalten, Pausen zu machen – Sie schaden nicht nur sich selbst, sondern auch dem Unternehmen, für das Sie arbeiten, und den Menschen, für die Sie da sein möchten. Treten Sie also selbstbewusst für Ihr Recht auf Pausen ein!

Ihr Recht auf Pausen

Die schädlichen Folgen fehlender Pausen auf die Gesundheit sind längst wissenschaftlich erwiesen. Deshalb ist auch das Recht auf Pausen gesetzlich verankert. Arbeitgeber sind verpflichtet, die Gesundheit ihrer Mitarbeiterinnen und Mitarbeiter soweit wie möglich zu schützen.

> Was gilt im rechtlichen Sinn als Arbeitspause? Arbeitspausen sind Arbeitsunterbrechungen verschiedener Länge, die zwischen zwei Tätigkeitszeiten liegen müssen. Eine Arbeitspause kann also nicht an das Ende des Arbeitstages gelegt werden, um früher nach Hause gehen zu können! Die Arbeitspause dient der Erholung.

Das Arbeitszeitgesetz (§ 4) sieht folgende Pausenregelungen vor:

- Bei bis zu sechs Stunden Arbeitszeit gibt es kein Recht auf eine Pause.
- Bei sechs bis neun Stunden Arbeitszeit haben Sie ein Recht auf 30 Minuten Pause.

- Bei einer Arbeitszeit von mehr als neun Stunden stehen Ihnen 45 Minuten Pausenzeit zu.
- Die Pausenzeit kann auch in mehrere Pausen von 15 Minuten aufgeteilt werden. Kurzpausen von geringerer Dauer sollen aber vermieden werden! Der Arbeitgeber darf entscheiden, ob die Pausen »am Stück« oder in 15-Minuten-Einheiten genommen werden sollen; der Betriebsrat ist hier mitbestimmungsberechtigt.

Auch in anderen Gesetzen und Verordnungen werden besondere Regeln für Pausen festgelegt, z. B. im Jugendschutzgesetz oder in der Bildschirmarbeitsplatz-Verordnung:

- Jugendliche und stillende Mütter haben ein Recht auf mehr Pausenzeit.
- An Bildschirmarbeitsplätzen sollen pro Stunde Arbeitszeit 5 Minuten Bildschirmpause eingelegt werden. Das muss keine Pause, sondern kann auch eine andere Tätigkeit sein.
- In verschiedenen Branchen (z. B. im Gesundheitswesen, bei Verkehrsbetrieben) gelten andere Regeln, z. B. kürzere Ruhezeiten zwischen zwei Arbeitstagen oder kürzere Pausenzeiten.

Nicht als Pausen gelten z. B. Arbeitsunterbrechungen, die durch Unterbrechungen im betrieblichen Ablauf entstehen oder durch technische Ausfälle verursacht werden.

Da die Pausen der Erholung dienen sollen, dürfen Sie sich während Ihrer Arbeitspause auch von Ihrem Arbeitsplatz entfernen.

Es gibt auch eine DIN-Norm, die Leitsätze zur Gestaltung menschengerechter Arbeitszeit enthält (DIN EN ISO 10075-2:2000). »Die Ruhezeit zwischen aufeinanderfolgenden Schichten soll ausreichend sein, um eine vollständige Erholung von Ermüdungseffekten der vorangegangenen Schicht sicherzustellen.«

Zur Erholung zwischen den Arbeitstagen schreibt das Arbeitsgesetz eine Ruhezeit zwischen Arbeitsende und -beginn von mindestens elf Stunden vor

Pausen wirken Wunder

Arbeit ermüdet uns. Das ist ein ganz normaler Vorgang, weil die Arbeitstätigkeit unsere Ressourcen beansprucht. Wenn wir die verbrauchten Ressourcen nicht gleich wieder auffüllen können und auf unsere Leistungsreserven zurückgreifen müssen, werden wir müde.

Phasen der Erholung heben die Müdigkeit auf und wir fühlen uns wieder frisch. Dafür brauchen wir Pausen. Wenn Sie häufiger Pausen einlegen, werden Sie sich erst gar nicht allzu erschöpft und müde fühlen und können sich viel schneller erholen.

> Ermüdung und Erholung können sich nur innerhalb eines Tages wieder ausgleichen. Innerhalb von 24 Stunden sollten also alle Arbeitsbelastungen, die zur Ermüdung geführt haben, kompensiert werden mit entsprechenden Erholungsvorgängen (Pausen und Auszeiten). Erholung lässt sich nicht beliebig auf einen späteren Zeitpunkt verschieben. Wer es versucht, riskiert ein Erholungsdefizit und damit chronische Übermüdung sowie Erschöpfung.

Körperliches Wohlbefinden

Auch wenn Sie vorwiegend am Schreibtisch arbeiten: Erschöpfung macht sich immer auch körperlich bemerkbar. Unter den persönlichen Pausensignalen, die Sie aufgelistet haben (siehe hierzu Kapitel »Leben Sie nach Ihrem Biorhythmus«), sind sicherlich auch körperliche Symptome. Dass sich die Arbeitsbelastung auf Ihr Befinden niederschlägt, ist erst einmal ganz normal. Es wird wohl kaum jemand am Feierabend so frisch und munter seinen Arbeitsplatz verlassen, wie er ihn morgens betreten hat.

Entscheidend ist allerdings, dass Sie sich genügend Zeit und Gelegenheit gönnen, damit Körper und Psyche sich von den Arbeitsbelastungen erholen können. Dazu gehören die Pausen während der Arbeitszeit, aber auch das ausreichende Abschalten in der Freizeit. Es hat sich gezeigt, dass die körperliche und seelische Beanspruchung nicht linear ansteigt, sondern exponentiell. Nach drei Stunden vor dem Bildschirm sind Sie also nicht etwa dreimal so müde wie nach einer Stunde, sondern um ein Vielfaches stärker erschöpft.

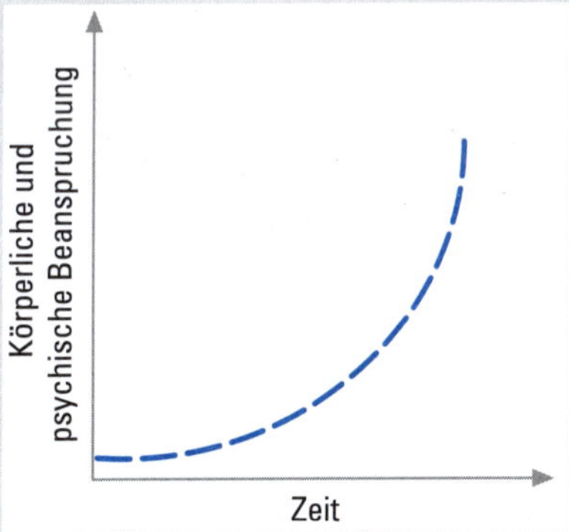

Beanspruchung im Tagesverlauf

Wenn Sie neben Ihrer Mittagspause ein paar kürzere Pausen einlegen, werden Sie sich am Feierabend also nicht so erschöpft und energielos fühlen.

Dieser Kreislauf von Belastung und Erholung kann sich nur dann täglich wiederholen, wenn ausreichend Zeit für den Ausgleich von Beanspruchung und Ermüdung bleibt. Solange Sie immer wieder regenerieren können, werden z.B. psychosomatische Beschwerden, wie Rücken- oder Kopfschmerzen, Kreislaufprobleme, Schlafstörungen usw., entweder gar nicht auftreten, oder schnell wieder verschwinden.

Kreislauf Belastung – Erholung

Übrigens: Auch das Unfallrisiko am Arbeitsplatz oder auf dem Arbeitsweg sinkt nach einer Pause. Wenn die letzte Pause 90 bis 120 Minuten her ist, verdoppelt sich das Unfallrisiko.

Psychisches Wohlbefinden

Bereits der Gedanke »Gleich mache ich eine Pause« löst angenehme Gefühle in uns aus: Freude, Zufriedenheit und Wohlbefinden. Und diese positiven Emotionen verstärken den Effekt der Erholung und Motivation. Auch die geistige Leistung wird durch angenehme Gefühle gesteigert.

- Positive Emotionen erweitern Ihr Handlungsrepertoire. Sie entwickeln keinen Tunnelblick, sondern behalten den Überblick.
- Sie können Ihre Arbeit besser einteilen und Entscheidungen souveräner treffen. So fühlen Sie sich körperlich oder psychisch weniger beansprucht.
- Sie fühlen sich allgemein wohler, können mehr Leistung erbringen und erholen sich schneller.

Während der Pause haben Sie die Möglichkeit, Dinge zu machen, die Sie gerne tun. Sie können sich über Privates unterhalten oder spazieren gehen, um den schönen Tag zu genießen. Das ist ein angenehmes Gegengewicht zur Arbeitstätigkeit. In der Pause machen zu können, was wir wollen, wirkt gegenüber den Vorgaben des Arbeitsalltags befreiend und trägt zum Wohlbefinden bei.

Gesteigerte Motivation

Pausen helfen Ihnen, sich Ihre Motivation über den Arbeitstag hinweg zu erhalten. Sie teilen die Gesamtarbeitszeit in kürzere und überschaubare Abschnitte ein. Kürzere Arbeitsphasen wirken motivierender als lange Arbeitseinheiten, weil Sie mental einen Arbeitsschritt nach dem anderen abhaken und sich über den Erfolg freuen können. Wenn Ihnen Ihre Aufgabe schier endlos erscheint, sinkt die Arbeitslust und damit auch Ihr Arbeitstempo. Wenn aber immer schon das Ende eines Arbeitsabschnittes in Sicht ist, fällt es leichter, die Anstrengungen zu erhöhen. So erreichen Sie Ihre Ziele schneller.

Wir freuen uns auf unsere Pausen und arbeiten deshalb effektiver darauf zu. Es hat sich gezeigt, dass wir insbesondere kurz vor einer Pause sozusagen einen Endspurt einlegen. So entsteht ein scheinbar paradoxer Effekt: Wir können mehr Leistung erbringen, obwohl wir mehr Zeit mit Pausen verbringen.

In manchen Betrieben sind die Pausenzeiten fest vorgegeben. Leider, denn gerade die selbst gewählten Auszeiten können motivieren. Sie sind nämlich ein Zeichen für Selbstbestimmung und Freiheit bei der Arbeit. Und je selbstbestimmter wir unsere Arbeitsinhalte und -zeiten gestalten können, desto wohler fühlen wir uns im Allgemeinen auch im Job.

Mehr Leistungsfähigkeit und Produktivität

Im Leistungssport ist die positive Wirkung von Auszeiten längst bekannt. Spitzensportler wissen, dass sie nur besser werden können, wenn sie sich genügend Zeit für Erholung und Regeneration gönnen. In der Ruhezeit kann der Körper seine Energiespeicher wieder auffüllen und sich an steigende Anforderungen anpassen. Ganz ähnlich funktioniert das auch mit der geistigen Leistungsfähigkeit.

In verschiedenen wissenschaftlichen Studien konnte gezeigt werden, dass Pausen die geistige Leistungsfähigkeit erhöhen können. So verbessern sich z. B.

- die Fähigkeit zum Problemlösen,
- die Konzentration,

- das sog. prospektive Gedächtnis, also das Erinnern von Dingen, die wir noch erledigen wollen,
- das Überführen von gelernten Inhalten in das Langzeitgedächtnis.

Sie schaffen nicht nur mehr, auch die Qualität Ihrer Arbeit fällt besser aus, wenn Sie sich frisch und erholt fühlen. Das heißt auch, dass Sie weniger Fehler machen. Gerade die Flüchtigkeitsfehler, die wir wegen erlahmender Konzentration machen, bringen uns häufig zusätzlich in Zeitdruck und Stress. Dauerhaft eine hohe Konzentration aufrechtzuerhalten, ist jedoch nahezu unmöglich. Nach 20 Minuten konzentrierten Arbeitens verlieren wir ungefähr ein Viertel unserer Konzentrationsfähigkeit, nach einer Stunde sind es schon 60 %.

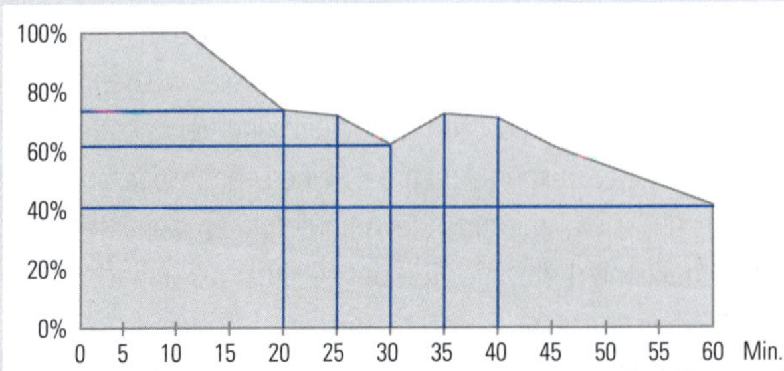

Nachlassen der Konzentration innerhalb einer Stunde

Aus Sicht der Hirnforschung bedeutet das Nichtstun während einer Pause keineswegs, dass auch das Hirn inaktiv ist. Im Gegenteil: Bestimmte Bereiche des Gehirns sind in den Leerlaufphasen besonders aktiv. In dieser Zeit wird neu sortiert, was wir gerade erlebt oder gelernt haben.

Stressresistenz und Burn-out-Vorbeugung

Die Anforderungen im Beruf und im Privatleben steigen. Wir werden von immer mehr scheinbar wichtigen Informationen überflutet. Um in dieser schneller werdenden Welt zu bestehen, glauben viele Menschen, ihre Zeitreserven angreifen zu müssen. Das heißt, sie verzichten auf Pausen, um mehr Arbeitszeit zu gewinnen, und nehmen Arbeit mit in den Feierabend, das Wochenende oder den Urlaub. Dadurch werden die Zeiten für Erholung und Regeneration immer kürzer. So ist es kein Wunder, dass die Fehlzeiten wegen psychischer Erkrankungen und Burn-out seit Jahren stetig ansteigen.

Die einzige Chance, die Sie haben, um dem zu entgehen, ist, bewusst Pausen und Auszeiten einzulegen. Sie beherrschen so Ihre Zeit und Ihre Aufgaben und lassen sich nicht beherrschen.

> Eine Grundvoraussetzung für die Bewältigung des täglichen Arbeitsdrucks ist die optimale eigene Gesundheit – nicht nur körperlich, sondern auch psychisch. Ohne ausreichend Ruhezeiten und Schlaf jedoch ist die körperliche und psychische Gesundheit bedroht.

Um auf Dauer dem immer größer werdenden Druck standhalten zu können, ist also ein konsequentes Management der eigenen Energie nötig. Nur so können Sie Widerstandsfähigkeit gegenüber Dauerstress (Resilienz) aufbauen und verhindern, dass auch Sie in einen Burn-out-Prozess geraten.

Ein gesunder und gut funktionierender Energiehaushalt erlaubt es Ihnen, Ihre Ressourcen so einzusetzen, dass Sie die gewünschten Arbeitsergebnisse erreichen. Durch die Erfolgserlebnisse, die daraus resultieren, und die ausreichenden Auszeiten können Sie neue Energie tanken.

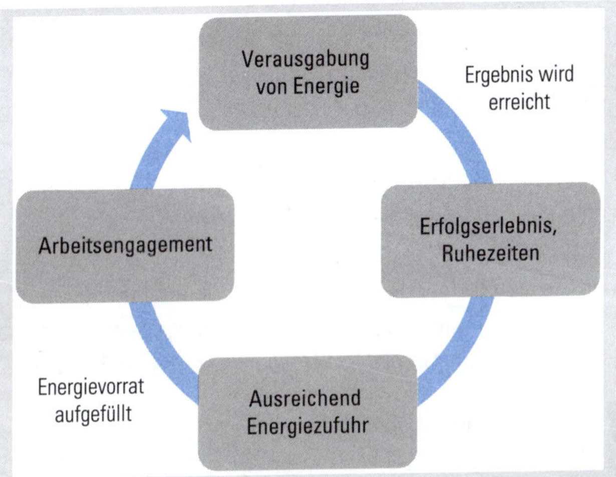

Gesundes Energiesystem

Wenn Sie nicht ausreichend darauf achten, Ihren Energievorrat aufzufüllen, müssen Sie sich für die gleichen Aufgaben mehr anstrengen. Trotzdem wird möglicherweise das gewünschte Arbeitsergebnis nicht erreicht. Sie spüren Ihren Misserfolg und bekommen vielleicht auch noch negatives Feedback. Um das auszugleichen, legen Sie sich noch mehr ins Zeug, verzichten erst recht auf Pausen oder arbeiten noch länger. So werden Ihre Energiereserven nicht mehr ausreichend aufgefüllt und Sie geraten in einen Teufelskreis. Ihr ganzes Energiesystem ist dann gefährdet. Wenn jetzt noch im privaten Leben Sorgen oder zu hoher Druck dazukommen, kann das der Weg in den Burn-out sein.

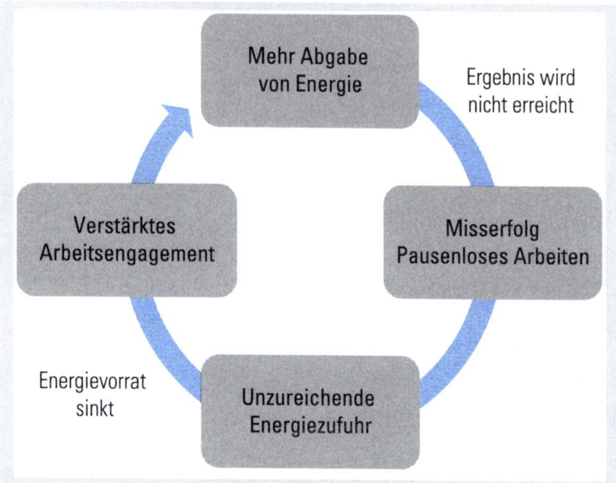

Gefährdetes Energiesystem

Um auch auf Dauer leistungsfähig zu bleiben und einen Burn-out-Prozess zu vermeiden, müssen Sie also regelmäßig Pausen und Auszeiten einlegen. Und zwar täglich! Wie bereits erwähnt, lässt sich Erholung nicht lange aufschieben.

Es hat sich gezeigt, dass Pausen nicht nur eine vorangegangene Belastung wieder ausgleichen können, indem sie die entstandene Ermüdung abbauen. Arbeitspausen können sogar präventiv wirken, denn sie erhöhen die Widerstandskraft und die Fähigkeit zum Bewältigen von kommenden Arbeitsbelastungen. So wird die Fähigkeit zur Stressresistenz durch ausreichende Auszeiten gestärkt. Erschöpfung und Ermüdung werden von vornherein verhindert oder zumindest verringert.

Je höher die Arbeitsbelastung ist und je länger sie andauert, desto mehr steigt die Ermüdung – und damit wächst auch der Erholungsbedarf. Das sollte in Zeiten des demografischen Wandels auch besonders bei älteren Mitarbeitern beachtet werden. Wenn wir älter werden, brauchen wir im Allgemeinen mehr Zeit, um uns von Belastungen zu erholen. Für ein Arbeitspensum, das Sie früher leicht bewältigt haben, sollten Sie im fortgeschrittenen Alter also mehr Erholungszeiten einplanen.

Verbessertes Teamklima

Sicher haben Sie es auch schon beobachtet: Je gestresster die einzelnen Mitglieder des Teams sind, desto schlechter wird die Stimmung. Antworten auf Fragen fallen knapper und gereizter aus. Die Laune der einzelnen Kolleginnen und Kollegen wird schlechter. Häufig lässt auch die Hilfsbereitschaft nach, weil jeder mit dem eigenen Arbeitspensum beschäftigt ist.

Legen alle Teammitglieder ausreichend Pausen ein, bleibt die gute Laune jedoch auch unter Zeitdruck und Stressbelastung erhalten. Wenn nicht jeder nur mit sich und seiner Arbeit beschäftigt ist, bemerkt man eher, wann jemand Unterstützung brauchen kann. Das verbessert die Kollegialität, den Zusammenhalt und den Spaß an der Arbeit. Und gute zwischenmenschliche Beziehungen tragen wesentlich zu einem leistungsfördernden Umfeld bei.

Am hilfreichsten für das gute Klima im Team sind natürlich gemeinsam verbrachte Pausen. In dieser Zeit können auch außerberufliche und private Themen besprochen werden. So lernt man sich gegenseitig auch von anderen Seiten kennen. Und je besser ein Team sich kennt, desto größer ist die gegenseitige Hilfsbereitschaft.

Achten Sie darauf, dass es nicht zu Cliquenbildungen kommt. Falls aus dienstlichen Gründen nicht alle auf einmal Pause machen können, ist es sinnvoll, die Gruppen, die gemeinsam in die Pause gehen, immer mal wieder zu mischen. Einen noch größeren Effekt auf ein gutes Klima im Team haben Pausen mit einem besonderen Inhalt, z. B. ein gemeinsames Frühstück, der Kantinenbesuch oder der Spaziergang mit Kollegen.

BEISPIEL

In der technischen Abteilung einer Firma hat es sich eingebürgert, jeden Freitagmittag ein Würstchenessen im Team zu veranstalten. Reihum sind alle einmal mit der Zubereitung dieser schnellen Mahlzeit beauftragt. Damit wird dann auch gleich gemeinsam das Wochenende eingeläutet. Die Kolleginnen und Kollegen betrachteten diese Gemeinschaftsaktion schon bald als eines der Highlights der Woche.

Auf einen Blick: Warum wir Pausen brauchen

- Menschen sind keine Maschinen, ihre Leistungsfähigkeit schwankt im Tagesverlauf. Die Arbeitspausen sollten sich diesem Rhythmus anpassen.
- Eine persönliche Leistungskurve kann als Grundlage für eine effiziente Zeiteinteilung und Pausenplanung dienen.
- Zu viel Arbeit sollte nie ein Grund für den Verzicht auf Pausen sein – das führt nur zu nachlassender Konzentration, mehr Fehlern und bedingt eine noch höhere Arbeitsbelastung.
- Ihr Körper sendet Signale, wenn Pausen nötig werden. Sie bewusst wahrzunehmen, will geübt sein.
- Zu wenig Pausen und Auszeiten über längere Zeiträume schaden der körperlichen und psychischen Gesundheit – bis hin zum Burn-out.
- Müdigkeit und Erschöpfung sollten noch am gleichen Tag mit entsprechenden Erholungsphasen ausgeglichen werden. Erholung lässt sich nicht beliebig verschieben.
- Pausen teilen den Arbeitsalltag in überschaubare Einheiten und sorgen so für gesteigerte Motivation.
- Wenn Mitarbeiter Pausen gemeinsam verbringen, verbessert das die Arbeitsatmosphäre, gegenseitige Hilfsbereitschaft und Stressresistenz im Team.

Wie Sie Ihre Pausen optimal gestalten

Die meisten Menschen machen Pausen »ganz nebenbei«, schlingen schnell ein Brot hinunter, erledigen rasch private Dinge am PC und nehmen sich eine Auszeit, wann es gerade in den Alltag passt. Stopp – ziehen Sie die Notbremse! Nur derjenige, der seine Pause ganz bewusst gestaltet, kann sich erholen.

In diesem Kapitel erfahren Sie u. a.,

- wodurch sich eine wirklich erholsame Auszeit auszeichnet,
- wann, wo und wie oft Sie eine Pause machen sollten,
- wie Sie Ihren persönlichen Pausenplan für die ganze Woche erstellen.

Selbstcheck: Wie sehen Ihre Pausen aus?

Haben Sie schon einmal bewusst darüber nachgedacht, was Sie in Ihrer Pause eigentlich machen? Und ob das für Sie erholsam ist oder nicht?

Nehmen Sie sich die folgende Checkliste vor und prüfen Sie, womit Sie häufig Ihre Pause verbringen. Die Aktivitäten, die für Ihre Pause typisch sind, bekommen ein Kreuz.

Wo, mit wem und wie verbringen Sie Ihre Pause?	Trifft zu:
Wo?	
Am Arbeitsplatz, vor dem Bildschirm	
In der Kantine oder im Pausenraum	
Mit wem?	
Alleine	
Mit einer Kollegin, einem Kollegen	
Mit einer größeren Gruppe	
Mit dem Chef	
Wie?	
Ich gehe spazieren, bin an der frischen Luft.	
Ich erledige Einkäufe oder Besorgungen.	
Ich surfe im Internet oder spiele am Handy oder PC.	
Ich chatte mit Freunden über Handy oder PC.	
Ich mache ein Nickerchen, eine Entspannungsübung.	
Ich bin körperlich aktiv.	
Ich gehe etwas Leckeres essen oder trinken.	
Ich lese eine Zeitung oder ein Buch.	
Ich arbeite durch, Pausen gibt es für mich nicht.	

Wo, mit wem und wie verbringen Sie Ihre Pause?	Trifft zu:
Ich werde dauernd in der Pause gestört	
Ich esse schnell eine Kleinigkeit und arbeite dann gleich weiter.	
Ich bespreche etwas Dienstliches mit Kollegen.	
Ich nutze die ruhige Zeit in der Pause für ein paar Telefonate mit Kunden.	
Ich besuche in der Pause Kollegen aus anderen Abteilungen.	
…….	

Gehen Sie die ausgefüllte Checkliste kritisch durch. Machen Sie überhaupt Pausen? Oder fallen sie aus und werden sie mit dienstlichen Aufgaben gefüllt? Sind Sie eher alleine oder in Gesellschaft? Sind Sie eher drinnen oder draußen? Sind Sie körperlich aktiv oder entspannen Sie sich? Sehen Sie nicht nur bei der Arbeit, sondern auch in der Pause noch auf einen großen oder kleinen Bildschirm?

Wie bewerten Sie Ihre eigenen Pausenaktivitäten? Was halten Sie für erholsam und was nicht? Welche Aktivitäten möchten Sie bewahren? Welche abbauen? Welche Art von Pausengestaltung möchten Sie in Zukunft einmal ausprobieren? Überlegen Sie sich deshalb, wozu Ihre Pausen dienen sollen. Denn Erholung kann mit ganz unterschiedlichen Zielen verbunden sein, die alle ihre Berechtigung haben. Welches Ziel verfolgen Sie?

Mögliche Ziele der Erholung	
Energie tanken	
Zur Ruhe kommen	
Etwas Anregendes unternehmen	
Sich abreagieren	
Etwas Sinnvolles tun	
Essen oder trinken	
Geselligkeit genießen	
Nach langem Sitzen oder anstrengenden Arbeiten körperlich entspannen	

In den folgenden Abschnitten finden Sie Informationen darüber, welche Pausengestaltung für Sie optimal ist und was Sie alles in Ihrer Pause tun können, um wieder richtig Kraft zu tanken.

Regeln für die optimale Pause

Eine optimale Pausengestaltung, die für alle gelten würde, gibt es natürlich nicht. Aber es gibt einige Prinzipien, die Sie beachten sollten, um eine für Sie persönlich optimale Gestaltung zu finden.

Schaffen Sie einen Kontrast

Überlegen Sie zunächst, welche Bestandteile Ihrer Arbeit für Sie besonders anstrengend sind. Womit beschäftigen Sie sich viel, was machen Sie über lange Zeit hinweg? Nun können Sie darüber nachdenken, was das Gegenteil davon ist. Suchen Sie sich für Ihre Pausen und Auszeiten am Feierabend dann etwas aus, das ganz anders ist als Ihre normalen Tätigkeiten, wenn Sie arbeiten.

BEISPIEL

Arbeiten Sie viel im Sitzen, brauchen Sie Bewegung. Sehen Sie den ganzen Tag auf den Bildschirm, brauchen die Augen Entspannung. Haben Sie den ganzen Tag mit Menschen zu tun, brauchen Sie Ruhe.

Werden Sie aktiv

Eine aktiv verbrachte Pause hilft Ihnen beim Abschalten mehr als Passivität, z. B. der Abend auf der Couch vor dem Fernseher. Gerade wenn wir sehr erschöpft sind und uns völlig ausgepowert fühlen, steht uns jedoch oft der Sinn nicht mehr nach Aktivitäten. Leider ist der Erholungswert von passiv im Zustand der Erschöpfung verbrachten Zeiten äußerst gering. Das werden Sie sicher auch schon selbst festgestellt haben.

BEISPIEL

Sie haben eigentlich gar keine Lust, in der Arbeitspause nach draußen zu gehen. Kein Wunder, es regnet. Stattdessen überlegen Sie, einfach ein Brötchen vor dem Bildschirm zu essen. Da kommt eine Kollegin herein und überredet Sie zu einem kleinen Spaziergang. Trotz anfänglichen Murrens ziehen Sie sich warm an und gehen mit. Nach 20 Minuten kommen Sie zwar etwas feucht und vom Wind durchgepustet, jedoch aufgeweckt und gut gelaunt an den Arbeitsplatz zurück. Während des Spaziergangs haben Sie mit der Kollegin viel gelacht über die eigene Verrücktheit, bei diesem Wetter rauszugehen. Sie sind ein bisschen stolz auf sich und gehen wieder voller Schwung an die Arbeit.

Machen Sie sich solche Erfahrungen bewusst. Sie helfen dabei, immer wieder den »inneren Schweinehund« zu überwinden – und jede weitere positive Erfahrung hilft beim nächsten Mal.

Keine Unterbrechungen

Sorgen Sie dafür, dass Sie in der Pause nicht gestört werden. Das gelingt am besten, indem Sie Ihren Arbeitsplatz verlassen. Pausen, in denen Sie ständig mit Unterbrechungen rechnen müssen, führen nicht zum gewünschten Erfolg.

Daher ist die Auszeit am Arbeitsplatz nicht empfehlenswert. Schließlich kann jederzeit das Telefon klingeln oder jemand mit einem Anliegen hereinkommen.

> Die drei Grundvoraussetzungen für erholsame und effektive Pausen:
>
> 1. Schaffen Sie einen Kontrast.
> 2. Werden Sie aktiv.
> 3. Es darf keine Unterbrechungen geben

Erholung in drei Phasen

Erholung stellt sich nicht auf Knopfdruck ein. Sie müssen zunächst Abstand gewinnen, bevor Sie sich erholen können. Und erst, wenn es wieder zurück an den Schreibtisch geht, sollten Sie Ihre Gedanken wieder auf die Arbeit richten. In einer Pause sollten Sie also drei Phasen der Erholung durchlaufen:

1. Abstand von der Arbeit bzw. der Belastung, sowohl räumlich als auch gedanklich und gefühlsmäßig;
2. Erholung und Regeneration, sowohl körperlich als auch geistig;
3. Neuorientierung auf die Arbeit, gedanklich und gefühlsmäßig.

Zeit zum Auftanken: Pausensignale

Zunächst jedoch müssen Sie überhaupt merken, dass Sie eine Pause brauchen. Leider sind die Signale unseres Körpers nicht immer ganz verlässlich. Häufig spüren wir viel zu spät, dass wir eine Auszeit benötigen. Sie kennen das vielleicht auch, dass Sie manchmal das Essen und Trinken oder den Gang zur Toilette völlig vergessen, wenn Sie in eine Aufgabe vertieft sind.

Vielleicht haben Sie beim Lesen des Kapitels »Leben Sie nach Ihrem Biorhythmus« schon erste Anzeichen gesammelt, an denen Sie erkennen, dass Sie eine Auszeit brauchen. Hier finden Sie eine ausführliche Liste mit typischen Pausensignalen. Bitte kreuzen Sie diejenigen an, die auf Sie zutreffen. Vielleicht entdecken Sie noch weitere Signale, mit denen Ihnen Ihr Organismus das Bedürfnis nach einer Pause anzeigt.

Typische Pausensignale: Welche davon treffen auf Sie zu?	
Körperliche Anzeichen	
Durst, Hunger	
Müdigkeit, Erschöpfung	
Muss zur Toilette	

Typische Pausensignale: Welche davon treffen auf Sie zu?	
Verspannungen	
Kopfschmerzen, Rückenschmerzen	
Bauchschmerzen, Übelkeit	
Herzrasen, hoher Blutdruck	
Körperliche Unruhe, Bewegungsbedürfnis	
Müde, brennende Augen	
Hitzegefühl, Schwitzen	
Dringendes Bedürfnis nach Kaffee, Tee, Zigarette etc.	
Sonstige: ...	
Mentale Anzeichen	
Viele Flüchtigkeitsfehler	
Sinkende Konzentration	
Nachlassendes Gedächtnis, muss alles mehrfach lesen oder nachfragen	
Kein Überblick mehr, kann keine Prioritäten mehr setzen	
Leicht ablenkbar	
Schiebe Dinge vor mir her	
Kreativität lässt nach, keine Ideen	
Kann Probleme nicht mehr lösen	
Leere im Kopf, Blackout	
Arbeitsleistung und -menge lassen nach	
Ehrgeiz, Motivation lassen nach	
Sonstige: ...	
Emotionale Signale	
Ungeduld	
Gereiztheit, Ärger, Wut	
Unfreundlich zu Kollegen, Kunden	
Wutausbrüche	

Typische Pausensignale: Welche davon treffen auf Sie zu?	
Lustlos, keine Motivation	
Hilflos, ratlos	
Fluchtgedanken (»Wann ist endlich Feierabend?«)	
Sonstige: …	

Wählen Sie nun drei Symptome aus, auf die Sie in Zukunft besonders achten wollen. Vielleicht schreiben Sie sie auf einen Notizzettel, damit Sie immer mal wieder innehalten und prüfen können, ob Sie diese Anzeichen bemerken.

Richtig abschalten: Wo, wann und wie lange?

Einfach nur die Arbeit zu unterbrechen, damit ist es noch nicht getan. Es lohnt sich, sich darüber Gedanken zu machen, wo Sie Ihre Pause am sinnvollsten verbringen, wann und wie lange Sie Auszeiten nehmen.

Wo Sie sich am besten erholen

Der am besten geeignete Ort für eine Pause ist *nicht* der Arbeitsplatz! Sich ein Brötchen einzuverleiben, während man gleichzeitig die E-Mails checkt, ist weder für die Verdauung noch fürs Abschalten gut. Sie können Ihre Gedanken schlecht von der Arbeit lösen, wenn diese vor Ihnen liegt. Wer die Pausen an seinem Schreibtisch verbringt, ist außerdem immer für

Kolleginnen, Chefs oder Kunden ansprechbar oder per Mail oder Telefon erreichbar. Oder können Sie auf die Frage »Hast du gerade mal fünf Minuten Zeit für mich?«, antworten: »Nein, ich habe gerade Pause«, wenn Sie an Ihrem Arbeitsplatz sind?

> Sie müssen Ihren Arbeitsplatz verlassen, wenn die Mittagspause wirklich einen Erholungseffekt haben soll. Am besten gehen Sie sogar aus dem Gebäude. Nur so bekommen Sie wirklich Abstand zur Arbeit und damit den Kopf wieder frei.

Normalerweise sollte Ihr Arbeitgeber für Sie einen Raum bereithalten, in dem Sie Ihre Pause verbringen können. Das kann auch die Kantine sein. Größere Unternehmen bieten ihren Mitarbeitern besonders ruhige und behaglich eingerichtete Räume, eventuell sogar mit Liegemöglichkeiten. Nutzen Sie solche Angebote.

Am besten können Sie jedoch bei einem Spaziergang im Grünen abschalten. Wenn in der Nähe Ihrer Firma kein Park liegt, vielleicht gibt es zumindest eine ruhige Wohnstraße? Das Erleben von Natur und Ruhe ist besonders gut geeignet, um uns abschalten zu lassen. Meiden Sie laute und quirlige Straßen, wenn Sie bei der Arbeit auch schon Lärm und Unruhe ausgesetzt sind. Der Erholungseffekt eines Spaziergangs im Park ist größer als der Gang um den Häuserblock. Werden Sie zum Grün-Detektiv und finden Sie die kleinen ruhigen Ecken in Ihrer Arbeitsumgebung!

Übrigens: Ziehen Sie bei Ihrer Suche doch auch mal Friedhöfe mit in Betracht. Das klingt vielleicht ungewöhnlich, aber Friedhöfe sind Oasen der Ruhe, und viel Grün finden Sie dort auch. Und da man sich hier unweigerlich Gedanken über die Endlichkeit des eigenen Lebens macht, kann man von den kleinen Problemen und Ärgernissen des Alltags rasch Abstand gewinnen.

Wie oft und wie lange Sie unterbrechen sollten

Reicht es, sich an den eigenen körperlichen oder mentalen Signalen zu orientieren? Diese Frage lässt sich mit einem klaren Nein beantworten. Denn aus eigenem Antrieb machen die meisten Menschen viel zu wenige Arbeitspausen. Da wir Menschen bestimmten Rhythmen unterworfen sind, die über den Tag hinweg verlaufen (siehe hierzu näher das Kapitel »Leben Sie nach Ihrem Biorhythmus«), können wir diese Rhythmen auch auf das Pausenmachen übertragen. Wie häufig sollte man nun aber Pausen einlegen?

Der 90-Minuten-Rhythmus

Einige Wissenschaftler gehen davon aus, dass wir ungefähr in einem 90-Minuten-Rhythmus leben. Nach dem »Basic Rest Activity Circle« durchleben wir innerhalb dieses Zeitraums einen Wechsel von Anspannung und Entspannung.

Etwa 70 Minuten lang können wir aktiv sein. Das ist die Zeit für fokussierte Aufmerksamkeit und konzentriertes Arbeiten. Danach brauchen wir für 20 Minuten einen eher passiven, aufnehmenden Zustand. In dieser Phase können wir durchaus auch arbeiten, sollten uns dann aber eher mit kreativen und intuitiven Tätigkeiten beschäftigen, die andere Fähigkeiten unseres Gehirns beansprüchen. Natürlich passt in diese Zeit auch eine Arbeitspause. Diese ruhigen, passiven Phasen benötigt der Organismus, um Spannungen abzubauen und die Ressourcen wieder aufzufüllen.

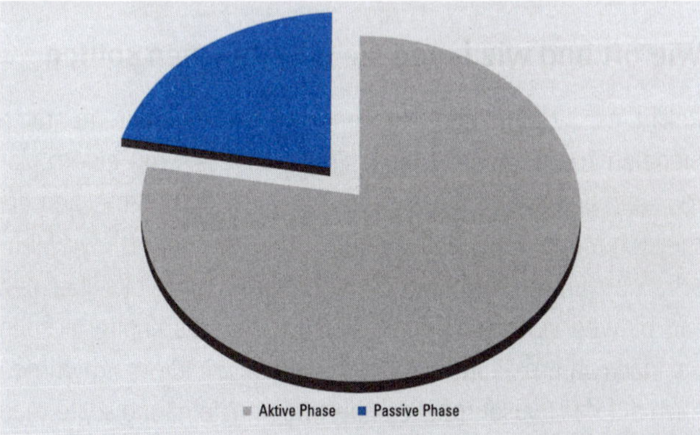

Verteilung von aktiven und passiven Phasen über eine Zeitspanne von 90 Minuten (BRAC)

Arbeits- und Erholungszeiten müssen im richtigen Verhältnis zueinander stehen. Wer einer sehr anstrengenden Arbeit nachgeht, braucht auch mehr Pausen zur Erholung! Und wie erholsam Pausen sind, hängt wiederum davon ab, wie lange sie sind, wie häufig sie eingelegt werden und wie sie sich über den Tag verteilen.

> Mehrere kurze Pausen sind für die Erholung günstiger als wenige, aber längere Pausen – selbst wenn die Gesamtzeit der Pausen gleich lang ist. Sie brauchen also eine längere Pause (30 Minuten) und mehrere regelmäßige Kurzpausen von ca. 5 Minuten über den Tag verteilt.

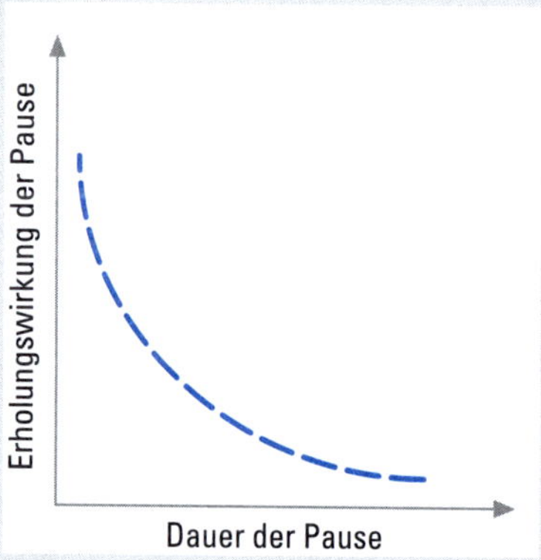

Erholungswirkung von Pausen

Der Mehrwert von Kurzpausen

Wissenschaftliche Studien konnten immer wieder belegen, dass eine zusätzliche Kurzpause von 5 bis 10 Minuten pro Arbeitsstunde sich in der Regel auch für Arbeitgeber auszahlt. Auch wenn rein rechnerisch durch diese zusätzlichen Pausen Arbeitszeit verlorengeht, wird dieser Verlust durch den Leistungsgewinn völlig ausgeglichen. Häufig kommt es durch das zusätzliche Energietanken zu einer solchen Erhöhung der Leistungsfähigkeit, dass die Produktivität sogar steigt, wie das folgende Beispiel zeigt

BEISPIEL

Die Stadtverwaltung Vechta ist neue Wege gegangen bei der Gestaltung der Pausen für die Angestellten. Alle Mitarbeiterinnen und Mitarbeiter bekommen zusätzlich mittags 20 Minuten Entspannungspause, den Power-Nap. Es besteht allerdings die Verpflichtung, diese Zeit entweder für Entspannungs- oder für Bewegungsübungen einzusetzen. Es ist auch geregelt, wie in dieser Zeit für eine ungestörte Pause gesorgt wird: Man meldet sich bei der Zentrale für seinen Power-Nap ab, leitet das Telefon um und schließt das Zimmer ab.

Das Resultat: Die Stadtverwaltung Vechta hat im Vergleich zu anderen Kommunen die höchste Arbeitsproduktivität. Die Leistungsbereitschaft der Beschäftigten ist hoch, der Krankenstand dagegen unterdurchschnittlich. Die Stadtverwaltung gilt als hoch attraktiver Arbeitgeber und die Angestellten berichten über eine gute Arbeits- und Lebensqualität.

Der Zusammenhang zwischen kurzen Pausen und Gesundheit sowie der Leistungsfähigkeit gehört zu den Erkenntnissen, die in den Arbeitswissenschaften am besten gesichert sind. Nach einem Viertel der Pausenzeit sind ungefähr drei Viertel des Erholungsbedarfs wieder ausgeglichen. »Bei kürzeren Arbeitszyklen und häufigeren Kurzpausen ist insgesamt weniger Erholzeit für den Ausgleich der gleichen Gesamtermüdung erforderlich«, sagt der Arbeitswissenschaftler Professor Oppolzer.

Achten Sie bei Ihren Kurzpausen darauf, sie so zu legen, dass sie auch wirklich sinnvoll sind. Kurzpausen haben keine ausreichende Erholungswirkung, wenn sie

- gleich am Arbeitsbeginn genommen werden.
- direkt vor oder nach der Frühstücks- oder Mittagspause liegen.
- zu einer längeren Pause zusammengefasst werden.
- ans Ende des Arbeitstages gelegt werden, um früher Feierabend zu haben.

Am günstigsten ist es, wenn Sie sich folgenden Pausenrhythmus angewöhnen:

- 2 bis 3 Kurzpausen von ca. 5 Minuten am Vormittag,
- eine längere Mittagspause von 30 Minuten,
- 2 bis 3 Kurzpausen von ca. 5 Minuten am Nachmittag.

> Am besten erinnern Sie sich selbst an die Einhaltung der Pausen. Richten Sie doch eine Benachrichtigung in Ihrem PC-Kalender oder über das Handy ein. Sie müssen dann nicht gleich alles stehen und liegen lassen, sollten aber bei nächster Gelegenheit Ihre Kurzpause einlegen.

Schlechte Idee: keine Pause, dafür früher Feierabend

Die denkbar ungünstigste Zeit für eine Pause ist unmittelbar vor Arbeitsschluss. Viele Menschen halten sich für besonders clever, indem sie statt zwischendurch eine Pause einzulegen, einfach eine halbe Stunde früher Feierabend machen. Sie erliegen dem Trugschluss, dass die Erholung dann doch bestimmt viel größer sei, weil man mehr Freizeit habe. Doch das Gegenteil ist der Fall: Der Erholungseffekt dieser bis zum Schluss aufgeschobenen Pausen ist gleich null. Stattdessen wird die Ermüdung immer größer, die Leistungsfähigkeit sinkt im Laufe des Arbeitstages. So steigt die nötige Anstrengung immer mehr an, und man geht völlig erschöpft in den Feierabend. Den damit »gewonnenen« frühen Feierabend kann man dann nicht richtig genießen und sich nicht aktiv erholen. Schnell gerät man so in eine Erschöpfungsspirale.

Die wichtigen Pausen zwischen den Arbeitstagen

Natürlich erholen wir uns nicht nur in den Arbeitspausen, sondern auch in den Zeiten zwischen den Arbeitstagen. Deswegen sollte die gesetzlich vorgeschriebene Ruhezeit zwischen Arbeitsende und -beginn von elf Stunden unbedingt eingehalten werden (siehe hierzu auch das Kapitel »Ihr Recht auf Pausen«). Diese Mindestzeit braucht der Mensch, um wirklich von der Arbeit abschalten und sich erholen zu können.

Wie Sie schon im ersten Kapitel gelesen haben, ist es sinnvoll, sich bei dem Wechsel zwischen Aktivität und Passivität nach dem eigenen Biorhythmus zu richten. Dieser Biorhythmus wird vom Tageslicht gesteuert: Wir haben das Bedürfnis nach aktiver Betätigung bei Tageslicht und nach Ruhe, wenn es dunkel ist. Daher erholen wir uns am besten, wenn die Ruhezeiten zwischen den Arbeitstagen in der Nacht liegen. Wer nachts arbeitet und tagsüber schläft, erholt sich nicht so gut.

Feste oder flexible Pausen?

In einigen Betrieben gibt es feste Pausenzeiten. In anderen steht es den Mitarbeiterinnen und Mitarbeitern frei, die ihnen zustehenden Pausen im Laufe des Tages selbst einzuplanen. Wissenschaftler haben sich mit der Frage beschäftigt, welches Vorgehen zu einem besseren Erholungseffekt führt und welche Form von den Beschäftigten bevorzugt wird.

Fest vorgeschriebene Pausenzeiten haben so manchen Vorteil. Einerseits neigen viele Menschen dazu, zu selten und zu kurz Pausen zu machen. Das subjektive Müdigkeitsgefühl als Anzeichen für einen objektiven Erholungsbedarf wird viel zu oft ignoriert, und es zeigt den Erholungsbedarf auch viel zu spät an. Die vorbeugende Wirkung von Auszeiten geht verloren, wenn sie erst bei Ermüdungsanzeichen eingelegt werden. Auch gibt es bei vielen Beschäftigten die bereits oben beschriebene Tendenz, auf Pausen zu verzichten, um früher Feierabend machen zu können. Festgelegte Pausenzeiten wirken dem entgegen. Manchmal müssen wir eben zu unserem Glück gezwungen werden.

Haben alle zur gleichen Zeit Pause, fördert dies die Geselligkeit und den sozialen Austausch. Dann ist es auch leichter, sich mit Kollegen aus anderen Abteilungen zu treffen, z. B. zum gemeinsamen Essen in der Kantine.

Der Nachteil einer festgelegten Pause ist jedoch, dass man mitten in einer Tätigkeit unterbrochen wird. Gerade bei kreativen Arbeiten oder im Kontakt mit anderen Menschen kommt eine Pause nicht immer zum passenden Zeitpunkt. Dann wird sie nicht zu einer willkommenen Erholungszeit, sondern zu einem lästigen Muss. Je mehr Handlungsspielraum man bei der Einteilung seiner Arbeitsaufgaben hat, desto mehr Spielraum wünscht man sich im Allgemeinen auch bei der Einteilung seiner Pausenzeiten.

Allein oder in Gesellschaft?

Ein wichtiges Grundprinzip einer erholsamen Pause ist der Kontrast zur Arbeitsumgebung und -tätigkeit (siehe hierzu das Kapitel »Regeln für die optimale Pause«). Das gilt natürlich auch bei der Frage, ob Sie alleine oder mit anderen Pause machen.

- Wenn Sie den ganzen Tag lang mit fordernden Kunden zu tun haben oder im Großraumbüro arbeiten, werden Sie Ihre Pause vielleicht lieber alleine verbringen. Es tut dann sehr gut, mal eine Zeit lang mit niemandem reden, niemandem zuhören und auf keine anderen Anliegen eingehen zu müssen. Möglicherweise haben Sie jedoch das Gefühl, sich vom Team auszuschließen, wenn Sie Ihre Pause lieber alleine verbringen. Dann bieten sich Kompromisse an: Ein bis zwei Mal pro Woche verbringen Sie die Pausen mit dem Team, den Rest der Woche gehen Sie alleine oder abwechselnd mit jeweils einer Kollegin spazieren.
- Anders liegt der Fall, wenn Sie Ihre Arbeitszeit in einem Einzelbüro verbringen oder aus anderen Gründen kaum Kontakt zu anderen Menschen haben. Dann ist die Arbeitspause sicher eine willkommene Gelegenheit, um endlich unter Leute zu kommen. Sie könnten dann z.B. zum Mittagessen in die Kantine gehen oder sich mit einer festen Gruppe verabreden, die immer gemeinsam Pause macht. Manche Teams pflegen auch Rituale, gehen z.B. einmal die Woche zusammen Sushi oder Pizza essen.

Pausen dienen nicht nur Ihrer eigenen Erholung und dem Sammeln neuer Energien. Ein weiterer wichtiger Zweck ist auch der Austausch mit netten Teammitgliedern. Für viele Menschen ist der soziale Kontakt der Grund dafür, warum sie gerne zur Arbeit gehen. Beachten Sie dabei jedoch auch Ihre eigenen Vorlieben. Zwingen Sie sich nicht zu ständiger Geselligkeit, wenn Sie eher ein introvertierter und zurückgezogener Typ sind. Umgekehrt müssen Sie Ihre Pausenzeit trotz dauerndem Kundenkontakt auch nicht unbedingt allein verbringen, wenn Sie nun einmal ein geselliger Mensch sind. Introvertierte Menschen fühlen sich häufig alleine und in ruhiger, reizarmer Umgebung wohler und erholen sich so besser. Dagegen können extravertierte Kollegen nie genug von Geselligkeit bekommen und umgeben sich auch in den Pausen gerne mit anderen Menschen – selbst wenn sie schon während der Arbeitszeit viel mit Kundschaft zu tun haben.

Versteckte Pausen

Bisher haben wir uns mit den echten Pausen befasst, also denjenigen Pausen, die Sie sich bewusst gönnen und die Ihnen laut Gesetz zustehen (siehe hierzu das Kapitel »Ihr Recht auf Pausen«). Nun kommen diese Pausen im Verlauf des Arbeitstages nicht immer dann, wenn wir gerade eine Auszeit brauchen könnten. Wir haben beispielsweise häufiger das Bedürfnis nach kleinen Unterbrechungen, wenn wir sehr monotonen oder sich ständig wiederholenden Aufgaben nachgehen. Auch wenn wir Tätigkeiten erledigt haben, die wir als psychisch oder körperlich sehr anstrengend empfinden, haben wir das Bedürfnis nach einer Extra-Pause. Das trifft auch auf belastende soziale Kontakte zu, z. B., wenn wir einen Rüffel vom Chef einstecken mussten, einen Vortrag vor einer großen Gruppe gehalten haben oder gerade mit einem sehr aggressiven Kunden zu tun hatten.

Wenn das akute Bedürfnis nach einer Verschnaufpause entstanden, aber noch keine offizielle Auszeit in Sicht ist, neigen wir zu versteckten Pausen. Ohne darüber nachzudenken, holen wir uns dann noch einen Kaffee oder starren gedankenverloren aus dem Fenster oder auf den Bildschirm. Manche laufen sinnlos zum Kopierer oder zum Postfach. Und Raucher greifen gern zur nächsten Zigarette.

Versteckte Pausen sind oft eine Art spontane Notabschaltung. Man hat das Bedürfnis nach einer Unterbrechung, nimmt sich aber nicht die Zeit, zu überlegen, was der Organismus jetzt wirklich braucht. Daher sind diese versteckten Pausen nicht sehr effektiv. Ganz ohne diese Auszeiten werden wir aber auch nicht auskommen. Es wird immer wieder Situationen im Laufe eines Arbeitstages geben, in denen wir kurz abschalten müssen oder eine kleine Unterbrechung brauchen. Statt einfach in das erstbeste Verhaltensmuster zu rutschen, sollten Sie sich vorab einige SOS-Strategien zurechtlegen, die Sie im Notfall einsetzen können. Dann können Sie sicher sein, dass Sie in dieser versteckten Pause etwas Sinnvolles tun und sich tatsächlich erholen.

SOS-Strategien

Egal, ob Sie eine kurze Auszeit von einer langweiligen und ermüdenden Tätigkeit brauchen oder ob Sie sich gerade furchtbar über einen Kunden oder eine Kollegin geärgert haben. Bevor Sie einfach nur aus dem Fenster starren oder einen Wutanfall bekommen, greifen Sie lieber gezielt nach einer geeignete SOS-Strategie für diese Situation.

Sie finden im Folgenden eine Reihe von Gestaltungsmöglichkeiten. Dabei handelt es sich nicht immer um Pausen – also das Ruhenlassen der Arbeitstätigkeit. Eine SOS-Strategie kann auch darin bestehen, einer anderen Tätigkeit nachzugehen, die besser zu Ihrem aktuellen Befinden passt. Einige dieser Strategien dienen der körperlichen Erholung, einige entspannen mental und wieder andere helfen Ihnen, Abstand zu bekommen und damit wieder in einen ausgeglichenen Gefühlszustand zurückzufinden.

Welche drei Strategien wollen Sie sich merken und bei nächster Gelegenheit ausprobieren? Machen Sie sich gleich einen Notizzettel dafür, damit Sie Ihre SOS-Strategien im Bedarfsfall sofort zur Hand haben.

SOS-Strategie	Für mich geeignet
Tief durchatmen, mehrfach bewusst ausatmen	
Aus dem Fenster ins Grüne sehen	
Kurz an die frische Luft gehen	
Humor, Witze machen, rumalbern	
Bis 10 zählen	
An etwas Schönes denken	
Zur Toilette gehen	
Sich gut zureden, z. B. »Du schaffst das schon!«	

SOS-Strategie	Für mich geeignet
Sich kurz anspannen und wieder locker lassen	
Eine möglichst ruhige Tätigkeit ohne viel Nachdenken suchen	
Kurz Dampf ablassen, z. B. einmal laut schimpfen	
Gänge erledigen, etwas holen oder bringen	
Kurz raus zur Apfel-, Kaffeepause	
Sich recken und strecken	
Kleines Schwätzchen mit Kollegen	
Auf einen Boxsack hauen	
Auf ein schönes Foto oder eine Postkarte sehen	
Sich überlegen, was man am Feierabend Schönes vorhat	
Kurz eine Nachricht an einen lieben Menschen schreiben	
Hände oder Lippen eincremen	
Musik hören, summen, singen	
Bewusst ein leckeres Getränk oder Obst genießen	
Sich selber loben	
Kaugummi kauen	
An einen schönen Urlaub oder ein angenehmes Erlebnis denken	
Schläfen massieren	
Bewusst lächeln	
Bewusste Bauchatmung: gedachten Ballon im Bauch beim Einatmen mit Luft füllen	
Etwas zu trinken oder zu essen holen	
Sich kräftig ausschütteln, trampeln, auf etwas Weiches schlagen	

SOS-Strategie	Für mich geeignet
Von einem lieben Menschen in den Arm nehmen lassen	
Sich etwas Süßes gönnen	
In Gedanken einen bösen Spruch loslassen: »Lächle – du kannst nicht alle töten.«	
Anti-Stress-Ball drücken und knautschen	
Grimassen schneiden, etwas Lustiges tun	
Auf »Durchzug schalten«	
Etwas aufräumen, saubermachen, sortieren, abheften	

Pausen von der Bildschirmarbeit

Wer seinen Arbeitstag hauptsächlich am Bildschirm verbringt, ist sowohl körperlichen, als auch geistigen Belastungen ausgesetzt. Meistens sind die Augen stark beansprucht, denn der Blick wechselt nur zwischen den Unterlagen auf dem Schreibtisch und dem Bildschirm. Die Augen müssen sich also nur auf die immer gleichen kurzen Abstände scharf stellen. Das ist für sie anstrengend und ermüdend. Außerdem verharrt man bei der Arbeit am PC vorwiegend in einer starren Sitzhaltung. Das kann zu Verspannungen und Rückenschmerzen führen.

Die geistige Beanspruchung hängt natürlich von der Art der Tätigkeit ab. Manche Arbeiten am Bildschirm sind ausgesprochen monoton und langweilig, andere herausfordernd und sehr anspruchsvoll. Beide Arten der Bildschirmarbeit sind psychisch belastend, wenn auch auf unterschiedliche Weise. Monotone und sich wiederholende Arbeitsvorgänge sind zwar nicht spannend, dennoch muss man sich dabei konzentrieren. Das macht schnell müde und führt leicht zu Langeweile und Erschöpfung. Wer dagegen hochanspruchsvolle Tätigkeiten am Bildschirm durchführt, fühlt sich subjektiv nicht so schnell müde. Irgendwann ist aber auch hier die Konzentration geschwächt; Kreativität und Leistungsfähigkeit lassen nach.

> Weil die besonderen Belastungen der Arbeit am Computer schon lange bekannt sind, ist in der Bildschirmarbeitsplatzverordnung die sog. Bildschirmpause festgelegt. Hierbei muss es sich nicht um eine Pause im Sinne einer Arbeitsunterbrechung handeln. Eine Bildschirmpause kann auch in einer anderen Art von Arbeitsaufgabe bestehen. Auch ein Tätigkeitswechsel gilt im rechtlichen Sinne also als Bildschirmpause.

Diese Pausen bzw. Tätigkeitswechsel sollen eine Veränderung der Sehaufgaben möglich machen. Statt starr auf den Bildschirm zu blicken, sollen also ein anderer Sehabstand und eine andere Sehintensität ermöglicht werden und die Augen sollen nicht so stark fixieren müssen. Geeignete Übungen zur Erholung Ihrer Augen in der Bildschirmpause finden Sie im Kapitel »Praktische Übungen für die Pause«. Surfen im Internet, Spielen mit dem Smartphone oder auch das Lesen von Unterlagen belastet Ihre Augen ähnlich und sollten als Bildschirmpause tabu sein.

Zudem soll die Bildschirmpause Ihnen eine andere Körperhaltung und andere Bewegungen ermöglichen. Gut geeignet ist also eine bewegte Pause: aufstehen, ein bisschen herumgehen, ein paar Treppen laufen. Noch besser sind natürlich Bewegungsübungen, mit denen Sie die verspannten Muskeln gezielt dehnen und bewegen. Auch hierfür finden Sie im nächsten Kapitel passende Übungen. Vermeiden Sie es zu sitzen und so den Rücken in der gleichen Weise wie vorher zu belasten. Eine Bewegungspause, z. B. eine gemeinsame Pausengymnastik im Team, ist für Bildschirmarbeiter genau das Richtige!

Smartphone und PC in der Pause

Die digitalen Medien prägen nicht nur unsere Arbeitswelt, sondern inzwischen auch das Privatleben. Was liegt da näher, als in der Pause kurz zu chatten oder irgendwelche Neuigkeiten aufzurufen?

Auch hier können wir das Kontrastprinzip für eine erholsame Pause als Entscheidungshilfe heranziehen. Wer ohnehin einen großen Teil des Arbeitstages vor dem PC oder Laptop verbringt, sollte sich in der Pause lieber mit etwas völlig Anderem beschäftigen.

BEISPIEL

Sie könnten einen kleinen Spaziergang machen und die Natur genießen oder sich echten und lebendigen Kontakt mit Kollegen gönnen. Falls Sie gerne in der Pause Kontakt zu Familie oder Freunden aufnehmen möchten, können Sie das vielleicht auch mit einem kurzen Telefonat tun.

Die Beschäftigung mit dem Handy führt wieder zu ungesunden Zwangshaltungen und einem immer gleichen Blickabstand auf den Bildschirm. Zudem ist die Schrift bei Mobiltelefonen noch kleiner als auf dem Arbeitsbildschirm. Keine Erholung für die Augen! Sie sollten in der Pause also auf das Handy verzichten.

Wochenplan für die optimale Pausengestaltung

Sie kennen nun die verschiedenen Möglichkeiten der Pausengestaltung. Nun ist es an der Zeit, zu experimentieren und Ihre optimale Pausengestaltung finden.

Als Erstes gilt es herauszufinden, wie Sie Ihre Pausen am besten über den Tag verteilen. Probieren Sie es aus!

- Wann wollen Sie Ihre Mittagspause machen?
- Wie lang soll sie sein?
- Machen Sie eine Frühstückspause von ca. 15 Minuten?
- Wie viele Kurzpausen werden Sie realistisch machen können? Je eine alle 60 oder 90 Minuten?

Versuchen Sie einmal mindestens einen Tag lang, wirklich in jeder Arbeitsstunde eine Kurzpause von höchstens 5 Minuten unterzubringen. An weiteren Tagen können Sie eine andere Verteilung der Kurzpausen testen.

Wenn Sie Anzahl und Zeitpunkt Ihrer Pausen bestimmt haben, richten Sie im Kalender Ihres PCs oder im Mobiltelefon eine Erinnerungsfunktion ein. Tragen Sie die Pausen in Ihren Wochenplan ein (siehe hierzu sogleich) und bestimmen Sie jeweils am Ende des Tages auf einer Skala von 1 (= kein Erholungseffekt) bis 10 (= maximaler Erholungseffekt), wie Sie die Aufteilung empfunden haben.

Pausen	Mo	Di	Mi	Do	Fr
1. Kurzpause					
2. Kurzpause					
Frühstückspause					
3. Kurzpause					
Mittagspause					
4. Kurzpause					
5. Kurzpause					
6. Kurzpause					
Machbarkeit					
Erholungseffekt					

Klären Sie nach Ihrer Experimentierwoche folgende Fragen:

- Welche Einteilung ist für Sie im Arbeitsalltag machbar und welche nicht?
- Gibt es Möglichkeiten, doch noch mehr Kurzpausen unterzubringen?
- Wie unterscheidet sich der Erholungseffekt, je nachdem wie viele Pausen Sie machen und wann?

Die Pausenverteilung, die in Ihrem Arbeitsalltag am besten unterzubringen ist und die zu einem bestmöglichen Erholungseffekt führt, sollten Sie in Zukunft beibehalten.

Notieren Sie in einer zweiten Tabelle eine Woche lang, wie Sie Ihre Pausen verbringen.

Pausenaktivität	Mo	Di	Mi	Do	Fr
Allein					
In Gesellschaft					
Drinnen					
Draußen					
Körperliche Aktivität					
Entspannung					
Anregung					
Abschalten					
Erholungseffekt					

Planen Sie die Woche mit unterschiedlichen Aktivitäten.

BEISPIEL

Montag mit den Kollegen in die Kantine, Dienstag einen Spaziergang im Park, Mittwoch eine Entspannungsübung in einem ruhigen Raum, Donnerstag ein Abstecher in die Galerie um die Ecke, Freitag mit der netten Kollegin die neue Sushi-Bar ausprobieren.

Bestimmen Sie den Erholungseffekt nach der gleichen Skala wie oben. Welche Tätigkeiten hatten den größten Effekt?

Mithilfe der Ergebnisse aus beiden Tabellen können Sie Ihre Arbeitspausen so planen, dass Sie lohnende Pausen verbringen und einen guten Erholungseffekt verbuchen können! Entsprechende Tabellenvorlagen zum Download finden Sie unter http://mybook.haufe.de, Buchcode TGA-HL12, in der Rubrik »Kommunikation & Soft Skills«:

Auf einen Blick: Wie Sie Ihre Pausen optimal gestalten

- Eine optimale Pausengestaltung ist auf die Persönlichkeit und die Art der Tätigkeit abgestimmt.
- Die drei Grundvoraussetzungen für erholsame Pausen sind: einen Kontrast schaffen, aktiv werden und Unterbrechungen vermeiden.
- Körperliche, mentale und emotionale Anzeichnen signalisieren Pausenbedarf, werden jedoch oft nicht oder zu spät wahrgenommen. Präventive Wirkung können Pausen dann nicht mehr entfalten.
- Der optimale Ort sowie die richtige Anzahl und Länge der Pausen hängt von der jeweiligen Tätigkeit und unseren Konzentrationszyklen ab.
- Bei außergewöhnlichen Belastungen helfen SOS-Strategien, versteckte Pausen zu vermeiden und durch bewusste Pausen mit Erholungswert zu ersetzen.
- Die Arbeit am PC erfordert besondere Auszeitstrategien. Sitzen und digitale Medien sollten für die Pause tabu sein.
- Wie das persönlich optimale Pausenverhalten aussieht, lässt sich herausfinden: eine Woche lang mit Pausenzeiten und der Pausengestaltung experimentieren genügt.

Praktische Übungen für die Pause

Eine effektive und erholsame Auszeit besteht nicht nur darin, die Arbeitstätigkeit zu unterbrechen. Sie sollten in dieser Pause etwas tun, was Ihnen neue Kraft schenkt und Ermüdungserscheinungen abbaut.

Dieses Kapitel enthält viele praktische Übungen, die sich gut in den Arbeitsalltag einbauen lassen:

- Bewegungsübungen,
- kurze Entspannungsübungen,
- Übungen zur Entspannung der Augen,
- Übungen für eine gelassene Stimmung,
- Genussübungen.

Ihr persönliches Übungsrepertoire

Für Ihre Pause können Sie ganz unterschiedliche Aktivitäten einplanen. Was an Ihrem Arbeitsplatz möglich ist, hängt natürlich von den äußeren Gegebenheiten ab: im Einzelbüro können Sie sicherlich eher eine Entspannungsübung machen als im Großraumbüro. Suchen Sie in der näheren Umgebung Ihres Arbeitsplatzes nach geeigneten Orten für Entspannungs- oder Bewegungsübungen. Vielleicht bietet Ihre Firma sogar einen Ruhe- oder einen Fitnessraum an?

Bei der Auswahl Ihrer Übungen können Sie wieder das Kontrastprinzip für eine erholsame Pause zugrunde legen (siehe hierzu näher das Kapitel »Regeln für die optimale Pause«). Versuchen Sie, etwas ganz anderes zu tun als während Ihrer Arbeitstätigkeit! Wenn Sie während Ihrer Arbeit viel sitzen, können Sie gut Bewegung brauchen. Wenn Sie viel geistig arbeiten, sind Entspannungsübungen das Richtige für Sie. Wer viel mit Menschen zu tun hat, kann sich mit den Gelassenheitsübungen erholen. Und alle Kopfarbeiter, die konzentriert denken müssen, können sich mit Genussübungen erholen, bei denen der Schwerpunkt auf den Sinnen liegt.

Probieren Sie einige der Übungen aus. Welches sind Ihre Lieblingsübungen? Schreiben Sie sich einen kleinen Erinnerungszettel mit denjenigen Übungen, die Ihnen guttun. Diesen Zettel können Sie dann in Ihrem Sichtfeld am Arbeitsplatz aufhängen, damit Sie schnell daran erinnert werden, was Sie in Ihren Kurzpausen tun möchten.

Übungen zur körperlichen Entspannung

Gerade wenn Sie während der Arbeit vorwiegend am Schreibtisch oder im Auto sitzen, brauchen Sie in den Pausen Bewegung. Sie finden hier einige Übungen, die den gesamten Körper und Kreislauf in Schwung bringen. Außerdem sind hier Übungen aufgeführt, die durch Bewegung bestimmte anfällige Körperbereiche, z. B. den Schulter-Nacken-Bereich, entspannen.

Treppensteigen

Das beste und preiswerteste Fitnessstudio ist das Treppenhaus! Versuchen Sie, möglichst alle Gänge in andere Stockwerke über die Treppe und nicht mit dem Fahrstuhl zu erledigen. Sie können Ihre Kurzpausen dafür nützen, einfach drei Stockwerke nach oben und wieder nach unten zu laufen. Vielleicht schaffen Sie auch noch mehr Etagen? Je flotter Sie dabei sind, desto mehr kommt Ihr Kreislauf in Schwung!

Schneller Spaziergang

Nutzen Sie jede Möglichkeit, um einen kleinen Spaziergang an der frischen Luft zu machen. Legen Sie ein möglichst schnelles Tempo vor und lassen Sie dabei die Arme locker mitschwingen.

Versuchen Sie dabei auch mental abzuschalten. Denken Sie jetzt nicht an die Arbeit, sondern konzentrieren Sie sich auf die Gegenwart: Was können Sie in diesem Moment sehen? Hören? Fühlen? Riechen oder schmecken? Konzentrieren Sie sich auch auf eine tiefe und regelmäßige Atmung.

Walken auf der Stelle

Falls Sie das Firmengebäude nicht verlassen können und auch kein Treppenhaus zur Verfügung haben, können Sie einfach eine Weile flott auf der Stelle gehen. Am besten öffnen Sie dafür das Fenster, damit Sie möglichst viel Sauerstoff bekommen.

Sie kommen am besten in Schwung, wenn Sie die Bewegung möglichst schnell ausführen und die Knie dabei hochziehen. Legen Sie richtig Energie in die Bewegung! Noch wirksamer wird die Übung, wenn auch die Arme rhythmisch mitschwingen.

Führen Sie die Übung ein paar Minuten lang durch, bis Sie merken, dass Ihr Kreislauf auf Touren gekommen ist. Achten Sie darauf, die ganze Zeit tief zu atmen.

Grimassen schneiden

Wenn wir den ganzen Tag lang angespannt auf den Bildschirm starren, können sich auch die Gesichtsmuskeln verspannen. Häufig erstarrt dann unser Gesicht in einem Ausdruck von Anspannung und Gereiztheit. Leider führt das dazu, dass sich auch unsere Stimmung diesem Gesichtsausdruck anpasst – wir fühlen uns angestrengt und mürrisch.

Das lässt sich ändern, indem Sie durch Grimassenschneiden die Gesichtsmuskeln lockern. Falls Sie dafür im Büro keinen geeigneten Ort finden, können Sie sich auf die Toilette zurückziehen. Fangen Sie einfach an, möglichst unterschiedliche Gesichter zu schneiden. Beziehen Sie dabei alle Gesichtsmuskeln mit ein: Stirn, Augenbereich, Kiefermuskeln, Mund. Sie können auch versuchen, bestimmte Stimmungen ganz übertrieben auszudrücken, z.B. Angst, Schrecken, Traurigkeit, Überraschung oder Freude.

Spüren Sie nach der Übung, wie sich das Gefühl in Ihren Gesichtsmuskeln, besonders in den Kiefermuskeln, geändert hat. Hat sich vielleicht auch Ihre Stimmung verändert? Häufig muss man bei dieser Übung über sich selber lachen, besonders, wenn man sich dabei im Spiegel beobachtet. Und Lachen ist gut gegen Stress!

Entspannter Nacken

Hals und Nacken sind bei der Arbeit häufig verspannt, weil wir den ganzen Tag eine starre Haltung annehmen. Um die Hals- und Nackenmuskeln zu entspannen, setzen oder stellen Sie sich aufrecht hin. Drehen Sie dann den Kopf langsam (!) nach rechts, bis Sie soweit wie möglich über die rechte Schulter nach hinten sehen. Dann drehen Sie den Kopf langsam zurück in die

Mittelposition und blicken wieder geradeaus nach vorn. Nun drehen Sie den Kopf ganz langsam nach links, der Blick geht jetzt über die linke Schulter nach hinten.

Der Kopf bewegt sich bei dieser Übung nicht auf- oder abwärts, sondern nur auf einer Ebene. Die Schultern bleiben entspannt. Führen Sie diesen Bewegungsablauf im fließenden Wechsel fünfmal zu jeder Seite kontrolliert aus.

Sie können auch die Atmung mit einbeziehen: Atmen Sie aus, wenn Sie den Kopf zur Seite drehen und wieder ein, wenn der Kopf in die Mittelposition zurückkommt.

Den Rücken entlasten

Mit dieser Übung entlasten Sie Ihre Wirbelsäule und dehnen die gesamte Rückenmuskulatur. Eine Wohltat nach stundenlangem Sitzen! Auch der Kopf wird dabei gut durchblutet.

Setzen Sie sich auf einen Stuhl, mit etwas mehr als einer Armlänge Abstand zum Tisch, die Füße stehen hüftbreit fest auf dem Boden. Die Arme hängen entspannt an den Seiten herunter. Sie dürfen gerne die Augen schließen; das macht die Übung noch entspannender.

Vom Kopf an beginnend lassen Sie sich dann langsam nach vorne sinken. Die Wirbelsäule wird dabei ganz rund, bis der Oberkörper auf den Oberschenkeln liegt, die Hände den Boden berühren und der Kopf zwischen den Knien hängt. Lassen Sie sich ungefähr fünf Sekunden lang entspannt hängen und atmen Sie ruhig. Kommen Sie dann wieder langsam in Ihre Ausgangsposition zurück, indem Sie die Wirbelsäule nach und nach wieder aufrichten.

Falls Ihnen die Dehnung bei dieser Version zu stark wird, gibt es noch eine sanftere Variante. Dabei sitzen Sie auf Ihrem Stuhl etwas näher am Schreibtisch. Legen Sie jetzt beide Unterarme übereinander auf den Tisch und lassen Sie den Kopf auf den Unterarmen ruhen. Wenn Sie genügend Abstand zum Tisch haben, kann sich der Rücken jetzt ganz langmachen und ein bisschen durchhängen. Diese Form der Übung dehnt besonders den unteren Rücken.

Beine schwingen lassen

Mit dieser Übung können Sie nicht nur Ihre Hüft- und Rumpfmuskulatur lockern und fördern, Sie aktivieren auch gleichzeitig Ihren Kreislauf.

Stellen Sie sich hin und halten Sie sich seitlich an einer Stuhllehne fest oder stützen Sie eine Hand gegen die Wand. Verlagern Sie Ihr Gewicht auf das Bein, das dem Stuhl oder der Wand am nächsten ist – dies ist jetzt Ihr Standbein. Das andere Bein schwingen Sie vor und zurück. Probieren Sie aus, ob Sie den Schwung nach und nach etwas vergrößern können. Nach fünf bis sieben Mal wechseln Sie die Seite.

Venenpumpe

Wenn Sie viel sitzen oder Autofahren, können auch Ihre Unterschenkel eine Aktivierung vertragen. Mit der Venenpumpe fördern Sie die Durchblutung der Beinmuskeln und die Funktion der Venenklappen in den Unterschenkeln, außerdem regen Sie Ihren Kreislauf an.

Die Übung lässt sich im Stehen oder im Sitzen durchführen. Falls Sie stehen, sollten Sie sich irgendwo festhalten, um das Gleichgewicht zu bewahren.

Gehen Sie mit den Füßen erst auf die Zehenspitzen und dann auf die Fersen. Das heißt, dass Sie die Fußspitzen erst hinunterdrücken und dann zu den Beinen heranziehen. Erst führen Sie diese Bewegung mit beiden Füßen gleichzeitig aus – dann im Wechsel: der rechte Fuß geht auf die Zehenspitze, der linke auf die Ferse und dann umgekehrt.

Diese kleine Übung können Sie auch zwischendurch während der Arbeit immer mal wieder durchführen.

Kurzentspannungsübungen

Der normale Arbeitsalltag ist oft fordernd und hektisch. Wenn Sie entspannt sind, kann Ihnen das nichts anhaben – Sie können zügig Ihre Arbeit erledigen und bleiben souverän. Legen Sie sich ein persönliches Repertoire an Kurzentspannungsübungen zu und schieben Sie täglich ein, zwei Übungen ein. Das kostet zu viel Zeit? Seien Sie versichert, das Gegenteil ist der Fall: Sie gewinnen Zeit!

> Grundlage vieler Entspannungs- und Meditationsübungen ist die Achtsamkeit. Jon Kabat-Zinn, der seit Jahrzehnten zum Thema Achtsamkeit forscht, versteht darunter eine bestimmte Form von Aufmerksamkeit, die 1) absichtsvoll ist, 2) sich auf den gegenwärtigen Moment bezieht (und nicht auf die Vergangenheit oder Zukunft) und 3) nicht wertend ist. Diese innere Haltung der Achtsamkeit werden Sie auch in den hier vorgestellten Entspannungs- und Genussübungen wiederfinden.

Tief ausatmen

Mit bewusster Atmung können Sie Ihre Anspannung abbauen. Allerdings ist der häufig genannte Tipp »Tief durchatmen!« nur halb richtig. Der für die Entspannung wichtigste Teil der Atmung ist das Ausatmen. Denken Sie an einen Erleichterungsseufzer, wenn Ihnen ein Stein vom Herzen plumpst. Erleichterung und Entspannung drücken sich mit dem Ausatmen aus.

Führen Sie diesen Entspannungseffekt bewusst herbei, indem Sie tief einatmen und dann ganz bewusst tief ausatmen. Diese Atemübung können Sie allein oder in Gesellschaft, im Sitzen oder Stehen, in Meetings oder vor dem Bildschirm durchführen. Falls Sie alleine sind, können Sie auch einen tiefen Seufzer dabei ausstoßen. Wiederholen Sie das bewusste Ausatmen 3 bis 5 Mal. Das bringt den Organismus dazu, alle Systeme von An- auf Entspannung umzustellen.

Die folgenden Varianten dieser Ausatmen-Übung machen Sie besser, wenn Sie alleine sind! Alle dienen dazu, wie oben beschrieben das Ausatmen zu betonen und damit den Körper auf Entspannung umzupolen:

- Schnauben Sie wie ein Pferd.
- Seufzen Sie laut.
- Gähnen Sie ausgiebig und geräuschvoll.
- Summen Sie in den Körper hinein.

Ausatmen mit Ruhe

Suchen Sie einen ruhigen Ort, wo Sie sich hinsetzen können. Sitzen Sie aufrecht und locker auf Ihrem Stuhl. Die Hände liegen auf den Oberschenkeln, die Augen dürfen sich schließen.

Achten Sie ein paar Atemzüge lang auf Ihre Atmung, ohne etwas daran zu verändern. Atmen Sie einfach normal ein und aus, ohne steuernd einzugreifen.

Dann fangen Sie an, das Ausatmen zu verlangsamen. Lassen Sie sich beim Ausatmen mehr Zeit als sonst, so dass das Ausatmen deutlich länger dauert als das Einatmen. Vielleicht bemerken Sie auch, dass Sie nach dem Ausatmen eine ganz kleine Pause lassen, bevor Sie wieder einatmen.

Führen Sie diese Atemübung 1 bis 2 Minuten durch. Um sie zu beenden, recken und dehnen Sie sich, atmen Sie nochmal tief ein und öffnen Sie langsam die Augen.

Energie tanken

Setzen Sie sich an einem möglichst ruhigen Ort entspannt und bequem auf einen Stuhl. Spüren Sie bewusst nach, wo Ihr Körper den Stuhl berührt und wo die Füße auf dem Fußboden stehen. Lassen Sie die Augen zufallen und versuchen Sie sich zu entspannen.

Achten Sie jetzt auf Ihre Atmung. Nehmen Sie bewusst wahr, wie beim Einatmen die Luft durch Ihre Nase hereinströmt, wie sich die Lungen füllen und wie sich Ihr Bauch etwas nach außen wölbt. Legen Sie die Hände in Höhe Ihres Nabels auf den Bauch und spüren Sie diese tiefe Bauchatmung für eine kleine Weile.

Dann stellen Sie sich vor, dass die Atemluft aus reiner, warmer, rötlicher Energie besteht. Mit jedem tiefen Atemzug, den Sie nehmen, nehmen Sie auch ganz viel dieser warmen Energie in Ihren Körper auf. Diese Energie fließt beim Einatmen durch Ihre Nase, in die Lungen und sammelt sich dann in der Mitte Ihres Körpers – ungefähr unter Ihren Händen am Nabel. Stellen Sie sich dort eine Schale vor, die Sie mit jedem Einatmen mit Energie füllen, so dass nach und nach ein richtiger Kraftvorrat entsteht.

Stellen Sie sich weiter vor, wie Sie mit jedem Ausatmen verbrauchte Energie, Belastendes und den Ballast des Alltags aus dem Körper befördern und ganz bewusst loslassen. Mit jedem Einatmen nehmen Sie wieder warme Energie auf und mit jedem Ausatmen befreien Sie sich von Verbrauchtem, so dass Sie mehr Platz für positive Energie haben. Führen Sie diese Atemübung so lange fort, bis Sie das Gefühl haben, Ihre Energieschale in der Körpermitte ausreichend gefüllt zu haben. Dann legen Sie in Gedanken einen Deckel darauf, damit nichts verlorengeht.

Spüren Sie noch einmal bewusst diese innere Kraft, auf die Sie jederzeit zugreifen können. Nehmen Sie noch ein paar ruhige Atemzüge und beenden Sie die Übung, indem Sie sich recken und strecken, tief einatmen und langsam die Augen wieder öffnen.

Lockere Schultern

Wenn wir angespannt sind, neigen wir dazu, die Schultern hochzuziehen und nur noch flach zu atmen. Das kann auf Dauer zu schmerzhaften Muskelverspannungen im Schulter-Nacken-Bereich und zu einer schlechteren Versorgung des Körpers mit Sauerstoff führen. Es hilft, die Schultern ganz bewusst zu entspannen, am besten in Verbindung mit einem tiefen Ausatmen.

So geht es: Die Übung funktioniert auch im Sitzen. Am besten stellen Sie sich jedoch bequem hin. Mit dem Einatmen ziehen Sie die Schultern ganz bewusst in Richtung der Ohren hoch. Am höchsten Punkt angekommen, halten Sie die Schultern einen kleinen Moment in dieser Position. Dann lassen Sie die Schultern mit dem Ausatmen wieder ganz tief sinken. Nehmen Sie sich relativ viel Zeit für das Sinkenlassen der Schultern. Vielleicht rutschen die Schultern noch ein bisschen tiefer, wenn Sie nur lange genug lockerlassen. Wiederholen Sie diese Übung 2 bis 3 Mal.

Kiefermuskeln massieren

Wussten Sie, dass unsere Kiefermuskeln die stärksten im ganzen Körper sind? Sie können einen enormen Druck ausüben. Leider neigen wir gerade bei Stress dazu, die Kiefermuskulatur stark anzuspannen. Das kann dazu führen, dass wir nachts mit den Zähnen knirschen und die Kauflächen abnutzen. Mit einer regelmäßig durchgeführten Massage der Kiefermuskeln werden Sie sensibler für diese Verspannungen und können bewusst gegensteuern.

Setzen Sie sich bequem hin. Drücken Sie dann vorsichtig die Kiefer zusammen, indem Sie die Zähne zusammenbeißen. Fühlen Sie mit den Fingern beider Hände im Gesicht nach, wo genau sich der Kaumuskel dabei anspannt. Die Stelle der stärksten Anspannung liegt ungefähr zwischen Ohrläppchen und Kinn.

Wenn Sie den Kaumuskel gefunden haben, lassen Sie den Kiefer wieder ganz locker. Massieren Sie den Muskel auf beiden Seiten mit den Fingern in langsamen kreisförmigen Bewegungen. Probieren Sie aus, wie viel Druck sich für Sie angenehm anfühlt. Vielleicht möchten Sie den Druck auch variieren? Lassen Sie den Unterkiefer dabei möglichst entspannt hängen. Diese Massage darf 90 Sekunden, aber gerne auch länger dauern.

Eine Variante dieser Übung ist die Akupressur. Dabei drücken Sie mit den Fingerspitzen jeweils für ca. 5 Sekunden auf den Kaumuskel und lassen dann wieder für ca. 10 Sekunden los. Achten Sie darauf, dass der Druck noch angenehm und nicht zu stark ist. Spüren Sie in den Entspannungsphasen, wie sich die Muskeln anfühlen. Merken Sie schon eine Lockerung? Sie können die Akupressur bis zu fünfmal wiederholen.

Stufenentspannung

Diese Übung stammt eigentlich aus der Hypnose, bei der man ja immer tiefer in einen angenehmen Entspannungszustand geführt wird. Sie können diese Technik aber auch alleine anwenden. Bestimmen Sie selbst, wie tief Sie sich in einen Entspannungszustand hineinbegeben möchten, je nachdem, wie viel Zeit Sie haben und wie es gerade für Sie passt.

Machen Sie es sich auf einem Stuhl bequem oder legen Sie sich hin, falls Sie dazu die Möglichkeit haben. Schließen Sie die Augen und versuchen Sie, Ihren Körper möglichst zu entspannen. Dann atmen Sie ein paar Mal tief durch.

Stellen Sie sich in Ihren Gedanken eine Treppe vor, die zehn Stufen abwärts führt. Jede Stufe steht für einen etwas tieferen Entspannungszustand; unten am Ende der Treppe ist ein Zustand völliger, angenehmer tiefer Entspannung erreicht.

Mit dem Ausatmen gehen Sie ganz langsam eine Stufe tiefer und damit auch in einen tieferen Entspannungszustand hinein. Wenn Sie das Bedürfnis dazu haben, gehen Sie beim nächsten Ausatmen noch eine Stufe tiefer. Zählen Sie in Gedanken die Stufen mit: »1..., 2..., 3...«. Wenn Sie auf der Stufe der Entspannung angekommen sind, die für Sie am angenehmsten ist, verweilen Sie dort eine Weile und genießen diesen wohltuenden Zustand. Sie können, müssen aber nicht, in Gedanken alle zehn Stufen hinabsteigen.

Um die Übung zu beenden, gehen Sie dann langsam wieder die Stufen hinauf. Jeder Schritt nach oben bringt Sie in einen Zustand von Wachheit und Klarheit. Zählen Sie die Stufen auch auf Ihrem Weg nach oben rückwärts mit: »..., 5..., 4..., 3..., 2..., 1«. Bei der letzten Stufe angekommen, recken und strecken Sie sich. Atmen Sie tief durch und öffnen Sie die Augen.

Ort der Ruhe

Geht es bei Ihnen im Job manchmal sehr hektisch und laut zu? Und haben Sie keine Möglichkeit dem auszuweichen? Das ist der ideale Anlass, in sich selbst einen Ort der Ruhe zu finden.

Suchen Sie sich für ein paar Minuten einen ruhigeren Rückzugsort und setzen Sie sich dort bequem und entspannt hin.

Lassen Sie Ihren Atem ganz gleichmäßig kommen und gehen. Spüren Sie dabei, wie Sie mit jedem Ausatmen Spannung abgeben. Am besten können Sie sich an einen inneren Ort der Ruhe versetzen, wenn Sie die Augen dafür zufallen lassen. Lassen Sie nun vor Ihrem inneren Auge das Bild von einem Ort der Ruhe entstehen. Ein Ort, an dem Sie sich besonders wohlfühlen und der für Sie Ruhe und Entspannung ausstrahlt. Das kann ein Ort sein, an dem Sie schon einmal waren – oder ein Ort, der nur in Ihrer Fantasie existiert. Dieser Ort kann ein Raum drinnen sein oder auch in der freien Natur liegen, z.B. im Wald, am Strand, auf einem Berg oder auf einer Wiese. Gehen Sie gedanklich in dieses Bild hinein und sehen Sie sich ganz in Ruhe um. Versuchen Sie nach und nach, diesen Ort der Ruhe mit allen Sinnen wahrzunehmen: Was können Sie sehen und hören? Welche Gerüche können Sie dort wahrnehmen? Spüren Sie vielleicht einen Lufthauch oder Sonnenschein auf Ihrer Haut?

Verweilen Sie so lange Sie mögen an Ihrem persönlichen Ort der Ruhe und genießen Sie das Gefühl der tiefen Entspannung. Hier können Sie Kraft und Ruhe tanken.

Wenn Sie diese innere Reise beenden möchten, verabschieden Sie sich von Ihrem eigenen Ort der Ruhe. Sie wissen, dass Sie jederzeit wieder hierher zurückkommen können. Dann recken und strecken Sie sich, atmen Sie tief ein und öffnen Sie langsam wieder die Augen.

Powernapping

Ein Mittagsschläfchen kommt im Leistungstief um die Mittagszeit herum genau recht, um wieder Kraft zu tanken. Leider ist das Nickerchen bei uns ziemlich verpönt. Nennen Sie es einfach Powernapping und schon klingt es aufregend und modern! Eine umfangreiche amerikanische Studie konnte zeigen, dass ein regelmäßiges Schläfchen das Risiko von Herzerkrankungen um 37 % senkt.

Sorgen Sie dafür, dass Sie ungestört sind. Sie sollten also entweder einen Ruheraum aufsuchen, oder Ihr Büro abschließen, das Telefon umleiten und Ihr Handy auf lautlos stellen.

Falls Sie einen komfortablen Bürostuhl haben, reicht der für den Power-Nap. Wenn Sie es bequemer mögen, nehmen Sie eine Yoga-Matte mit zur Arbeit, die Sie sich am Arbeitsplatz ausrollen.

Der Tagesschlaf sollte nicht länger als 10 bis höchstens 30 Minuten dauern, sonst sind Sie hinterher eher erschöpft als erholt. Falls Sie Schwierigkeiten haben sollten, rechtzeitig aufzuwachen, können Sie sich entweder einen Wecker stellen, oder einen Schlüsselbund lose in die Hand nehmen. Wenn Sie sich völlig entspannen, fallen Ihnen die Schlüssel aus der Hand auf den Boden und wecken Sie.

Übungen zur Entspannung der Augen

Viele Menschen arbeiten vorwiegend am Bildschirm. Zwischendurch sehen wir auch noch auf das Smartphone. Und am Feierabend wartet der Fernseher. Für die Augen ist es sehr anstrengend, immer auf die gleiche Entfernung scharf stellen zu müssen. Die Augenmuskeln neigen dann zu Anspannung und Verkrampfungen.

Auch die künstliche Beleuchtung der kleinen und großen Bildschirme ist nicht angenehm für die Augen. Diese werden bei der Farbwahrnehmung einseitig belastet. Gewöhnen Sie sich an, Ihren Augen mehr Abwechslung im Arbeitsalltag zu gönnen!

Deshalb bietet es sich an, in den Bildschirm- und anderen Kurzpausen ein paar Augenübungen durchzuführen. Einige der beschriebenen Übungen können Sie auch während der Arbeit und in Besprechungen machen.

Wärmen Sie Ihre Augen

Suchen Sie sich eine entspannte und bequeme Haltung auf Ihrem Stuhl vor dem Schreibtisch. Falls Sie kalte Hände haben, wärmen Sie sie, indem Sie sie aneinander reiben. Nun wölben Sie die Hände etwas und schließen die Finger. Legen Sie sich dann die hohlen Hände vor die Augen und stützen Sie sich dabei mit den Ellbogen auf dem Tisch ab. So können Sie Ihren Kopf ganz entspannt in den Händen ruhen lassen.

Achten Sie darauf, dass die Handflächen vor den Augen liegen und nicht die Finger. Lassen Sie Ihre Augen erst noch einen Moment geöffnet, um zu prüfen, ob wirklich alles dunkel ist oder ob Sie Ihre Hände noch etwas anders positionieren möchten. Hände und Finger bleiben dabei möglichst entspannt.

Schließen Sie nun die Augen und konzentrieren Sie sich auf die Empfindungen im Bereich der Augen. Spüren und genießen Sie die wohltuende Wärme, die jetzt im Augenraum entsteht. Nehmen Sie bewusst wahr, wie sich die Empfindung von Dunkelheit anfühlt. Mit der Zeit werden sich die Augen immer mehr entspannen. Ihre Atmung bleibt die ganze Zeit ruhig und gleichmäßig.

Lassen Sie sich für diese Augenentspannung ungefähr 2 Minuten Zeit oder so lange, wie es sich für Sie gut anfühlt. Zum Beenden der Übung nehmen Sie erst einmal bei noch geschlossenen Augen die Hände herunter. Wenn sich die Augen an das etwas hellere Licht gewöhnt haben, öffnen Sie sie wieder.

Lassen Sie Ihre Blicke wandern

Mit dieser Übung können Sie Ihre Augen aktiv entlasten. Sie sorgt für mehr Bewegung in den Augenmuskeln und hält auch die Augenlinse flexibel. Diese Übung lässt sich ganz unauffällig während anderer Arbeitstätigkeiten durchführen und sogar in Besprechungen einbauen.

An Ihrem Arbeitsplatz sitzend suchen Sie sich drei bis vier Gegenstände, die alle in Ihrer Sichtachse sind, ohne dass Sie den Kopf bewegen müssen. Der Gegenstand, der Ihnen am nächsten ist, sollte ungefähr einen Meter von Ihnen entfernt sein. Der am weitesten entfernte Punkt sollte möglichst draußen, außerhalb des Gebäudes liegen.

Setzen Sie sich bequem hin. Stellen Sie Ihren Blick auf den Ihnen am nächsten liegenden Gegenstand scharf. Lassen Sie den Blick hier für zwei bis drei Atemzüge ruhen. Dann nehmen Sie den nächsten Punkt ins Visier. Auch diesen betrachten Sie zwei, drei Atemzüge lang. Machen Sie so weiter, bis Ihr Blick beim am weitesten entfernten Punkt angekommen ist. Dann gehen Sie mit den Augen den gleichen Weg zurück – immer näher heran. Der Blick ruht jeweils für zwei bis drei Atemzüge auf dem Gegenstand oder Punkt.

Sie können diese Übung mehrfach wiederholen. Anspruchsvoller wird es, wenn Sie mehr Gegenstände in unterschiedlichen Entfernungen anpeilen und den Blick schneller zwischen den verschiedenen Abständen wechseln lassen.

Während einer Besprechung können Sie die Teilnehmer ins Visier nehmen, die in unterschiedlichem Abstand von Ihnen sitzen, den Blick mal auf die Präsentation oder das Flipchart richten und auch immer wieder aus dem Fenster sehen.

Mit den Augen zoomen

Lockerung für die Augen bringt auch diese Übung, die ebenfalls einen Wechsel zwischen Nah- und Fernsehen bringt.

Sie strecken einen Arm in Augenhöhe locker vor sich, ballen die Faust und strecken den Daumen nach oben. Fixieren ihn mit Ihrem Blick und bewegen Sie die Hand ganz langsam in Richtung Gesicht. Lassen Sie den Daumen so dicht an Ihr Gesicht herankommen, dass Sie ihn noch scharf sehen können. Dann bewegen Sie die Hand langsam wieder zurück, der Blick geht mit.

Eine Variante dieser Übung besteht darin, sie nur mit einem Auge zu machen, während das andere geschlossen bleibt. Sie können für das andere Auge dann auch die Hand wechseln, damit die Schultern nicht verkrampfen.

Diese Übung können Sie mehrmals hintereinander machen, aber wirklich ganz langsam. Nehmen Sie sich dafür ca. 30 bis 60 Sekunden Zeit.

Blickwechsel

Mit dieser Übung werden die Augenmuskeln gestärkt und gedehnt.

Setzen Sie sich bequem und aufrecht hin. Während der Kopf ganz ruhig und unbewegt bleibt, lassen Sie Ihren Blick, soweit es geht, abwechselnd nach rechts und dann nach links wandern. Der Blick geht fünfmal nach rechts und fünfmal nach links. Dann schließen Sie Ihre Augen für zwei bis drei Atemzüge.

Jetzt lassen Sie den Blick abwechselnd von ganz oben nach ganz unten wandern. Der Kopf bleibt auch hier ruhig und bewegt sich nicht mit. Jede Richtung kommt fünfmal dran. Dann schließen Sie die Augen wieder für zwei bis drei Atemzüge.

Sie können natürlich auch mit der Zeit anspruchsvollere Varianten der Übung entwickeln: Lassen Sie z.B. den Blick von schräg links oben nach schräg rechts unten wandern. Oder ahmen Sie mit Ihren Blicken Linien, Vierecke, Dreiecke, Wellenlinien oder andere Formen nach.

Yoga für die Augen

Dies ist eine Variante der Blickwechsel-Übung, die Sie am besten im Sitzen durchführen.

Versuchen Sie, mit geschlossenen Augen ganz langsam eine liegende Acht nachzufahren. Der Kopf bleibt auch hier wieder ruhig und bewegt sich nicht. Wenn Sie den Blick viermal in eine Richtung gelenkt haben, machen Sie eine kurze Pause und führen die gleiche Übung mit geschlossenen Augen in die andere Richtung aus.

Vielleicht gelingt Ihnen am Anfang noch keine gleichmäßige Acht. Mit der Zeit wird die Bewegung jedoch fließender und harmonischer. Falls Sie Abwechslung wünschen, können Sie natürlich auch andere Formen mit den Augen nachzeichnen, z.B. Vierecke, Dreiecke, Kreise.

Gelassenheit finden

Wer viel mit anderen Menschen zu tun hat, wird häufig auch mal verärgert oder gereizt sein, weil es zu Reibereien und Konflikten gekommen ist. Das trifft besonders zu, wenn zu Ihren beruflichen Aufgaben der Umgang mit anspruchsvollen Kunden, schmerzgeplagten Patienten oder fordernden Klienten gehört. Die Auseinandersetzung mit den Gefühlen und Wünschen anderer Menschen ist psychisch anstrengend, besonders, wenn vom Arbeitgeber beständig Freundlichkeit und Zuvorkommenheit verlangt werden. Die Unterdrückung oder Veränderung der eigenen Gefühle gilt in den Arbeitswissenschaften als psychische Belastung und wird auch Emotionsarbeit genannt.

Gerade in den Pausen ist es dann wichtig, sich wieder zu beruhigen und vom hohen Anspannungsniveau herunterzukommen. Es gibt eine Reihe von Übungen, mit denen sich auch die Gefühle beruhigen lassen, damit Sie wieder zur Gelassenheit zurückfinden.

In drei Schritten zur Gelassenheit

Wenn Sie sich stark über andere Menschen aufgeregt und geärgert haben, ist Ihr ganzer Organismus betroffen. Der Körper ist angespannt, die Atmung flach. Im Geiste schimpfen Sie auf den Menschen, über den Sie sich gerade geärgert haben. Die Stimmung ist gereizt, Sie sind wütend. Mithilfe dieser kleinen Übung können Sie sich auf allen drei Ebenen (Körper, Geist, Stimmung) schnell wieder beruhigen und herunterfahren.

1. Atmen Sie tief durch, achten Sie besonders auf eine betonte Ausatmung. Das entspannt den Körper.

2. Zählen Sie in Gedanken: »21, 22, 23 ...«. Mit dem Zählen schalten Sie mental in den Leerlauf und lenken sich gedanklich von dem Ärgernis ab.
3. Lächeln Sie! Auch ein bewusst aufgesetztes Lächeln führt dazu, dass sich unsere Stimmung hebt.

Gelassenheit üben: atmen und lächeln

Setzen oder legen Sie sich bequem hin. Lassen Sie die Augen zufallen. Spüren Sie nach und nach, wo Ihr Körper überall den Untergrund berührt, z. B. den Stuhl oder den Fußboden. Machen Sie sich bewusst, dass Sie gestützt und getragen werden und sich einfach entspannen dürfen.

Konzentrieren Sie sich auf Ihren Atem. Atmen Sie ein paar Mal tief durch. Lassen Sie dann den Atem ganz natürlich fließen. Sie brauchen nichts an Ihrer Atmung zu ändern. Spüren Sie, wie sich beim Einatmen Ihr Brustkorb weitet und die Bauchdecke hebt. Beim Ausatmen senken sich Brustkorb und Bauchdecke wieder.

Überlegen Sie jetzt: Worüber haben Sie sich heute schon gefreut? Was haben Sie schon Schönes erlebt? Vielleicht haben Sie beim Frühstück Ihren Kaffee genossen? Oder auf dem Weg zur Arbeit eine schöne Blüte gesehen oder das Singen eines Vogels gehört? Vielleicht hatten Sie eine nette Begegnung mit einem anderen Menschen?

Und wenn Sie jetzt an dieses schöne Erlebnis denken, lassen Sie bei jedem Ausatmen ein ganz kleines Lächeln auf Ihren Lippen entstehen. Bleiben Sie eine Weile bei diesem Anlass zur Freude und genießen Sie das Lächeln!

Wenn Sie diese Übung beenden möchten, atmen Sie bewusst tief durch, räkeln Sie sich. Öffnen Sie nun langsam die Augen und kommen Sie mit Ihrer Aufmerksamkeit in die Gegenwart zurück.

Drehen Sie die Temperatur herunter

Im Stress reagiert man meist sehr heftig. Stellen Sie sich einmal vor, dass Sie Ihre Stressreaktion verändern und herunterregeln können, wie mit einem Thermostaten an der Heizung.

Stellen Sie sich vor, Sie haben die Stufen 1 bis 5 auf Ihrem Stress-Thermostat. Wenn Sie gerade eine Stresssituation auf der höchsten »Temperaturstufe« erlebt haben, können Sie in einer kurzen Pause bewusst in Gedanken Ihren Thermostat wieder herunterregulieren. Sie können z. B. von Stufe 5 auf Stufe 2 herunterdrehen. Wiederholen Sie die Übung immer dann, wenn Sie merken, dass Ihr Stresspegel wieder steigt.

Der unsichtbare Regenmantel

In stressigen Situationen mit anderen Menschen fühlen wir uns häufig angegriffen und reagieren verärgert und aggressiv. Wir werden gereizt und empfindlich, was die Situation häufig noch verschlimmert. Hier kann der unsichtbare Regenmantel helfen.

Wenn Sie merken, dass Sie sich angegriffen und verletzt fühlen, ziehen Sie sich in Gedanken Ihren persönlichen Schutzmantel an. Niemand außer Ihnen weiß, dass Sie diesen Mantel tragen. Er schützt Sie wie ein Regenmantel davor, dass Angriffe oder Ärgernisse von außen bis zu Ihnen durchdringen. Solange Sie in Gedanken Ihren Schutzmantel tragen, kann alles an Ihnen abperlen. Sie tragen diesen Mantel wie eine schützende Haut, wie ein dickes Fell. Sie lassen sich in Ihrem Innersten nicht berühren von dem, was gerade um Sie herum vorgeht.

Stellen Sie sich vor, dass Sie diesen Schutzmantel auch noch tragen, wenn Sie Ihre Pause beenden. So gehen Sie wieder gelassen an Ihre Arbeit zurück und lassen Angriffe oder Beschwerden anderer Menschen nicht an sich heran.

Lenken Sie sich ab

Wenn wir uns sehr geärgert haben, sind wir häufig noch lange in Gedanken mit diesem Erlebnis beschäftigt. Das führt dazu, dass wir den Ärger immer wieder neu erleben und anfachen. Um unsere Gefühle nach stressigen Situationen wieder zu beruhigen und in den Griff zu kriegen, ist Ablenkung ein hervorragendes Hilfsmittel. Hilfreich ist es dann, sich bewusst auf etwas Anderes, möglichst Angenehmes zu konzentrieren. Weil uns im angespannten Zustand angenehme Dinge natürlich nicht einfallen, ist es sinnvoll, vorab eine Liste mit möglichen Vorstellungen zu erstellen.

- Stellen Sie sich einen komplizierten Bewegungsablauf vor, z. B. ein Instrument spielen, Tanzschritte ausführen, einen Ball über das Spielfeld dribbeln, über ein Seil balancieren etc.
- Stellen Sie sich intensiv vor, wie Sie entspannt an einem Kaminfeuer sitzen und die Flammen beobachten.
- Machen Sie in Gedanken einen Spaziergang über eine blühende Bergwiese und sehen sich alle Blüten genau an.

ABC des Wohlbefindens

Vielleicht liegt Ihnen aber auch eher diese Art der Ablenkung: Suchen Sie sich irgendeinen Buchstaben aus dem Alphabet aus. Überlegen Sie sich dann fünf Dinge, die mit diesem Buchstaben beginnen und die für Sie mit einem Gefühl des Wohlbefindens oder mit guten Erinnerungen verbunden sind.

BEISPIEL

Buchstabe S: Sonnenuntergang am Meer, Strandspaziergang, Sohn beim Einschlafen, Serie gucken, Sahnetorte.

Sie werden merken, dass es gar nicht so einfach ist, fünf Begriffe zu finden! Genau damit tricksen Sie Ihr Gehirn aus: Es kann nicht gleichzeitig schwierige Denkaufgaben ausführen *und* ein hohes Stressniveau aufrechterhalten. Wahrscheinlich haben Sie sich bereits beruhigt, wenn Sie den dritten Begriff gefunden haben.

Reden Sie sich gut zu

Unser Gehirn ist nie inaktiv. Wir begleiten alles, was wir tun, mit inneren Selbstgesprächen und Kommentaren. Allerdings sind diese stillen Kommentare in Stresssituationen häufig negativ und führen dazu, dass wir in der Stressreaktion gefangen bleiben.

BEISPIEL

»Das schaffe ich doch nie, jetzt kommt der Chef kurz vor Feierabend mit Zusatzarbeit!«, »Der Idiot, warum regt der sich so auf, ich kann doch auch nichts dafür!«, »Heute klappt aber auch gar nichts.«, oder: »Ich bin total erledigt, das halte ich nicht mehr lange aus!«

Hilfreich ist es, wenn Sie üben, diese stillen Selbstgespräche bewusst positiv zu lenken. Statt sich immer weiter in Rage zu denken oder nur Negatives zu erwarten, denken Sie bewusst positive Gedanken. Am besten legen Sie sich in einer ruhigen Viertelstunde ein paar Sätze zurecht, die Sie dann im Stillen wiederholen können. Achten Sie darauf, dass diese Sätze positiv formuliert, aber nicht übertrieben optimistisch sind – sonst glauben Sie sich selber nicht!

Hilfreiche innere Sätze können sein:

- »Ich habe schon so viel geschafft, dann bekomme ich das auch noch hin.«
- »Das ist jetzt knifflig, was kann ich daraus lernen?«
- »Bislang habe ich jeden Tag gut durchgestanden, dann schaffe ich diesen auch.«

- »Es kann sein, dass andere ihre Wut an mir auslassen, aber die meinen mich ja nicht persönlich.«

Dampf ablassen

Manchmal ärgern wir uns bei der Arbeit dermaßen, dass wir schier das Gefühl haben zu platzen. Dann wollen wir am liebsten irgendwo draufhauen oder dagegentreten oder laut fluchen und schimpfen. Das sind leider keine Reaktionen, die bei der Arbeit gerne gesehen sind, und außerdem tut es weh, mit der Faust auf den Schreibtisch zu schlagen. Das steigert den Ärger dann nur noch.

Wenn Sie das Gefühl haben, dass Sie gleich vor Wut platzen, halten Sie sich noch kurz zurück und suchen Sie sich einen ruhigen Ort. Erst wenn Sie keiner mehr hören kann, schimpfen Sie einmal kurz, aber laut vor sich hin.

> Die Technik des Dampfablassens ist nur dann sinnvoll, wenn Sie sie so bald wie möglich nach der stressigen Situation einsetzen. Früher wurde empfohlen, den Frust des Tages abends im Wald herauszubrüllen. Das ist wenig hilfreich, weil man dann den ganzen Ärger wieder neu belebt, den man vielleicht schon fast vergessen hatte. Außerdem gewöhnt man sich dann daran, den Ärger ungezügelt herauszulassen. Besser ist es, sich in Gelassenheit zu üben.

Genussübungen

Unser Arbeitsalltag besteht aus nicht immer angenehmen Verpflichtungen. Dazu kommt, dass wir häufig nur geistig arbeiten und viel vor dem Bildschirm sitzen. Das heißt, dass viele Sinne und Fähigkeiten unseres Gehirns vernachlässigt werden. Eine gute Möglichkeit zum Ausgleich und zum Krafttanken ist daher das bewusste Genießen der kleinen Freuden des Alltags. Das ist ein gutes Gegengewicht gegen die großen und kleinen Ärgernisse, die ein Arbeitstag so mit sich bringt.

Um wirklich genießen zu können, müssen wir uns ganz bewusst auf den Genuss einlassen und ihn mit allen Sinnen wahrnehmen. Sie spüren mit den Genussübungen dem nach, was Sie sehen, hören, fühlen, riechen und schmecken können. Erlauben Sie sich immer wieder kleine Genussmomente in Ihrem Alltag!

Die Natur hören

Nutzen Sie bei schönem Wetter einmal Ihre Pause für einen Spaziergang in den nächsten Park oder eine andere Naturoase. Setzen Sie sich dort auf eine Bank und schließen Sie die Augen. Versuchen Sie jetzt einmal, sich ganz bewusst auf alle Geräusche zu konzentrieren, die Sie wahrnehmen können. Hören Sie die Vögel zwitschern? Hören Sie das Lachen und Rufen von Kindern? Oder die Gespräche von Erwachsenen in der Nähe? Hören Sie den Wind in den Blättern rauschen?

Je länger Sie darauf achten, desto mehr unterschiedliche Geräusche werden Sie wahrnehmen. Was Ihnen am Anfang noch aufgefallen ist, rückt in den Hintergrund, während Sie andere Geräusche deutlicher wahrnehmen. Versuchen Sie besonders auf Geräusche der Natur zu achten: Vögel oder andere Tiere, das Rauschen des Windes, das Plätschern von Wasser.

Kulinarische Genüsse

Gönnen Sie sich einen besonders leckeren Kaffee oder einen frischen Saft, vielleicht auch ein Stück gute Schokolade oder ein Stück Obst. Nehmen Sie sich Zeit, es ausführlich mit allen Sinnen zu genießen.

Stellen Sie Ihr Getränk oder Ihre Speise erst einmal vor sich hin und betrachten Sie sie genau. Welche Farbschattierungen, welche Strukturen und welche Formen sehen Sie? Steigt vielleicht Dampf auf? In welchen Formen?

Dann konzentrieren Sie sich bewusst auf den Duft: Wie riecht Ihr Getränk oder Ihre Speise? Nehmen Sie sie in die Hand: Wie fühlt sie sich an? Warm oder kalt? Wie schwer ist sie? Vielleicht gehen auch Geräusche von Ihrem Genussobjekt aus?

Erst wenn Sie Ihre Leckerei mit allen anderen Sinnen intensiv erforscht haben, nehmen Sie einen kleinen Schluck oder einen winzigen Bissen. Bitte nicht gleich alles auf einmal hinunterschlucken! Lassen Sie sich den Genuss auf der Zunge zergehen. Was genau schmecken Sie? Ist der Geschmack in den verschiedenen Bereichen Ihres Mundes unterschiedlich? Wie ist die Konsistenz? Eher hart und bröckelig? Oder weich und cremig? Verändern sich Geschmack oder Konsistenz mit der Zeit? Erst, wenn Sie den Geschmack voll ausgekostet haben, schlucken Sie hinunter. Dann nehmen Sie den nächsten kleinen Schluck oder Bissen. Sie werden sehen, dass der Genuss auf diese Weise viel intensiver wird und Sie gar nicht so viel von Ihrem Getränk oder der Speise brauchen.

Diese Genussübung können Sie überall durchführen: am Arbeitsplatz, in der Kantine oder unterwegs. Sie hilft Ihnen, sich auf etwas Angenehmes zu konzentrieren und die Gedanken an die Arbeit in den Hintergrund treten zu lassen.

Lieblingsmusik genießen

Stellen Sie sich für die Pause eine Playlist mit ruhigen Lieblingsstücken zusammen. Achten Sie darauf, dass die Stücke einen langsamen Takt haben. Ein Takt von ca. 60 bis 80 Schlägen pro Minute kann auch den Puls beruhigen und so zur Entspannung beitragen.

In Ihren Kurzpausen können Sie dann über Kopfhörer Ihre Musik genießen. Schließen Sie dabei die Augen, damit Sie sich ganz auf das Hörerlebnis konzentrieren können. Hören Sie vielleicht Instrumente, die Ihnen früher nie aufgefallen sind? Falls die Stücke Gesang enthalten: Worum genau geht es in dem Lied? Welche Gefühle drückt der Sänger aus? Können Sie die Wechsel im Tempo oder in der Tonart heraushören?

Entspannende Düfte

Falls Sie ein eigenes Büro haben, dass Sie sich nicht mit anderen teilen müssen, können Sie auch Düfte genießen. Im Reformhaus oder in der Apotheke gibt es ätherische Öle, die entspannend und beruhigend wirken. Dazu gehören z.B. Geranium, Lavendel, Rose oder Melisse. Auch Anis, Zitronengras, Sandelholz oder Ylang-Ylang sind geeignet.

Sie können ein paar Tropfen eines dieser Öle auf ein Taschentuch geben und es in Ihre Nähe legen. Setzen Sie sich dann bequem hin und nehmen Sie den Duft des Öls bewusst wahr. Können Sie spüren, wie Sie sich nach und nach entspannen und beruhigen?

Falls Sie ätherische Öle zu Hause einsetzen wollen, können Sie dafür eine Duftlampe benützen. Füllen Sie Wasser in die Lampe, fügen einige wenige Tropfen Öl hinzu und zünden Sie darunter ein Teelicht an. So verbreitet sich der angenehme Duft im ganzen Raum.

Welche Übungen zu Ihnen passen

Sie haben jetzt eine Fülle von ganz unterschiedlichen Übungen kennengelernt. Nun ist es an der Zeit, herauszufinden, welche am besten zu Ihnen passen.

Dafür können Sie wieder einen Wochenplan mit verschiedenen Übungen erstellen und ausprobieren, welche Ihnen am meisten

Entspannung und Energie bringen. Können Sie eher Bewegung oder eher Entspannung brauchen? Zu welchen Tageszeiten haben Bewegung bzw. Entspannung bei Ihnen den größten Effekt?

Tragen Sie in die Tabelle die Übungen ein, die Sie ausprobieren wollen, und notieren Sie, wann Sie sie durchführen möchten. Erholen Sie sich besser, wenn Sie vormittags entspannen und nachmittags Bewegung haben? Oder umgekehrt? Welche Art des Krafttankens eignet sich bei Ihnen besser für die kurzen und welche für die längeren Pausen?

Werten Sie am Ende jeden Tages und am Ende der gesamten Testwoche Ihre Tabelle aus. Die Zusammenstellung und Verteilung der Übungen, die für Sie am günstigsten war, können Sie in Zukunft beibehalten. Wenn Sie mögen, können Sie die Übungen natürlich auch wechseln. Vielleicht fallen Ihnen auch eigene ein?

Pausenaktivität	Mo	Di	Mi	Do	Fr
Körperliche Entspannung					
Kurzentspannung					
Entspannung der Augen					
Gelassenheit finden					
Genussübung					
Erholungseffekt					

Eine Vorlage zum Download finden Sie unter http://mybook.haufe.de, Buchcode TGA-HL12, in der Rubrik »Kommunikation & Soft Skills«.

Führungskräfte und Pausenkultur

Führungskräfte nehmen – wie so oft – auch beim Thema Pausen eine Doppelrolle ein: Sie müssen sich um den Erhalt ihrer eigenen Arbeitsfähigkeit kümmern und gleichzeitig darauf achten, dass auch ihr Team nicht pausenlos arbeitet.

In diesem Kapitel erfahren Sie u. a.,

- warum gerade Chefs Pausen brauchen,
- wie Sie als Führungskraft zum Pausen-Vorbild werden,
- wie sich die Pausenkultur im Team fördern lässt.

Warum Führungskräfte Pausen besonders brauchen

Wer pausenlos von einer Aufgabe zur nächsten hetzt, verliert leicht den Überblick. Besprechungen füllen den Terminkalender, Zeit für die Vor- oder Nachbereitung ist meist knapp. So wird nicht mehr reflektiert, was jetzt wirklich wichtig ist oder was die beste Möglichkeit wäre, die Aufgabe effektiv zu erledigen. Der Drang zu möglichst schnellem Arbeiten führt dazu, dass keine Prioritäten gesetzt werden oder nicht mehr delegiert wird.

Erwartungsdruck und Perfektionismus

Führungskräfte meinen häufig, dass es in ihrer Position dazugehört, lange und pausenlos zu arbeiten und das auch auf Dauer durchhalten zu müssen. Eine Studie zur psychischen Gesundheit von Managern der Hochschule Heidelberg hat gezeigt, dass Führungskräfte häufig sehr lange Arbeitszeiten haben, in der Regel 50 oder mehr Stunden pro Woche. Wenn dann noch private Sorgen zu dieser immensen Arbeitslast kommen, ist die Wahrscheinlichkeit krank zu werden deutlich erhöht.

Einen weiteren Risikofaktor für psychische Erkrankungen stellt die mangelnde Fähigkeit zur Selbsteinschätzung der eigenen Ressourcen dar. Können Führungskräfte überhaupt noch erkennen, dass sie sich schon im roten Bereich befinden? Tatsächlich hatten Chefs, die erkannten, dass es so nicht weitergehen kann, und die entsprechenden Gegenmaßnahmen ergriffen, deutlich bessere Prognosen.

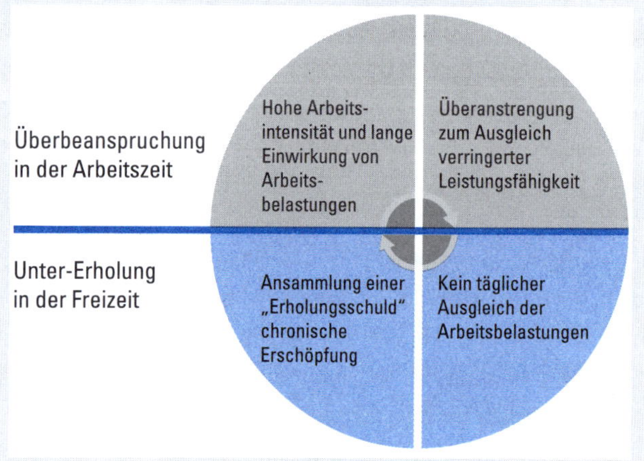

Teufelskreis aus Überbeanspruchung und Unter-Erholung

Sich selbst mehr Pausen und Auszeiten zu gönnen, bedeutet also häufig einen Kampf an zwei Fronten:

- die Auseinandersetzung mit der persönlichen Erwartungshaltung und dem eigenen Perfektionismus,
- die Konfrontation mit einer Unternehmenskultur, die von Führungskräften gnadenlos pausenlose Leistungsfähigkeit einfordert.

Viele Unternehmen haben zwar inzwischen verstanden, dass sie sich um das psychische Wohlbefinden ihrer Mitarbeiter kümmern müssen. Das gilt aber häufig nicht für die eigenen

Führungskräfte. Auf diese wird nach wie vor enormer Druck ausgeübt. Sie sind getrieben von wirtschaftlichen Zielen und haben zu deren Erreichung oft erstaunlich wenig Handlungsspielraum. Die Arbeitszeit von Managern wird oft nicht wirklich von ihnen selbst beherrscht, sondern von Vorgesetzten, Kunden oder dem eigenen Team. So zählt die Arbeitsintensität für viele Manager zu den stärksten Belastungsfaktoren. Dauernd erleben sie sich unter Zeitdruck.

Im mittleren Management ist zusätzlich der Handlungsspielraum klein. Manager in der Sandwich-Position fühlen sich immerfort getrieben, ohne selbst gegensteuern zu können. Das führt zu zunehmender Selbstausbeutung und damit zu einer erhöhten Gefahr für psychische Beeinträchtigungen.

BEISPIEL

In Kulturen, in denen diese Selbstausbeutung auch von der Gesellschaft verlangt wird, wie z. B. in Japan, aber auch in Frankreich, führt das zu verheerenden Folgen. In Japan ist nicht nur das Burn-out-Syndrom bekannt, sondern auch das Karoshi-Syndrom (plötzlicher Tod durch Überarbeitung und chronische Ermüdung) und das Karojisatsu-Syndrom (Selbstmord wegen Depressionen aufgrund von Überarbeitung).

Als Risikofaktoren für diese extremen Folgen chronischer Erschöpfung gelten:

- lange Arbeitszeiten, hohe Arbeitsintensität, fremdbestimmtes Arbeitstempo,

- hohe psychische Anforderungen und geringer Handlungsspielraum,
- erhöhte Leistungsanforderungen, »Arbeit ohne Ende«,
- quantitative und qualitative Überforderung.

Mehr Pausen, mehr Produktivität

Ein Gegenmittel gegen diese überhöhten Anforderungen an das Management ist eine verbesserte Pausenkultur im Unternehmen. Denn in Wirklichkeit ist die Erwartung, dass ein Arbeitgeber von dieser (Selbst-)Ausbeutung profitiert, eine Milchmädchenrechnung. Tatsächlich zeigen neuere Untersuchungen, dass sich mehr Kurzpausen positiv auf die Produktivität auswirken, das körperliche und psychische Wohlbefinden der Beschäftigten verbessern und Unfallrisiken vermindern.

Wenn Mitarbeiterinnen und Mitarbeiter aufgrund fehlender oder unzureichender Pausen in einen Zustand chronischer Ermüdung geraten, kann der gesamte Betrieb leiden. Auswirkungen dauernder Erschöpfung können sein:

- mehr Fehlzeiten durch Krankheit,
- höheres Risiko der Früh-Invalidität,
- höhere Fluktuationsrate,
- geringere Innovationsfähigkeit und Kreativität.

Führungskräfte sollen sich durch besondere Fähigkeiten zur Organisation und Motivation anderer Menschen auszeichnen. Dazu gehören die Planung und die sinnvolle Einteilung von Ressourcen zur Erreichung der Ziele, die kreative Entwicklung von strategischen Zielen und Innovationen sowie die Führung und die Motivation des Teams. Dies alles kann jedoch nur gelingen, wenn man geistig hoch leistungsfähig ist. Somit gehört es auch zu den Aufgaben eines Managers, die eigene Leistungsfähigkeit zu erhalten und die persönlichen Ressourcen sinnvoll einzuteilen.

Nicht nur im Sport sind Trainingspausen notwendig, um zum gewünschten Zeitpunkt Hochleistung erbringen zu können. Das gilt nicht nur für die körperliche, sondern auch für die geistige Leistungsfähigkeit. Wenn wir schöpferisch und kreativ denken wollen oder neue Sachverhalte geistig verarbeiten müssen, brauchen wir Auszeiten und kontemplative Phasen umso mehr. In Zeiten hohen Arbeitsdrucks und der geforderten dauernden Erreichbarkeit, in der die Grenzen zwischen Arbeits- und Privatleben zunehmend aufweichen, nehmen auch die Zeiten ab, die wir uns zur geistigen Regeneration gönnen. Dabei haben Sie sicherlich auch schon einmal die Erfahrung gemacht, dass Ihnen die Lösung eines Problems am nächsten Tag eingefallen ist, nachdem Sie eine Nacht darüber schlafen und Ihrem Hirn die Möglichkeit zur Bearbeitung des Themas lassen konnten.

> Für Führungskräfte sind ausreichend Auszeiten und Pausen die Voraussetzung für Problemlösung, Kreativität und vorausschauende Planung.

Wie bereits erwähnt, ist das scheinbare Nichtstun also keine verlorene oder inaktive Zeit – die Hirnforschung hat uns dazu eindeutige Ergebnisse geliefert. In Phasen, in denen wir nichts tun oder an nichts Besonderes denken, sind bestimmte Bereiche des Gehirns besonders aktiv. Jetzt können – ähnlich wie im Schlaf – Erinnerungen verfestigt, Probleme gelöst und Verknüpfungen im Gehirn neu gebildet werden.

Mut zur Pause

Gehören Sie zu den Chefs, die denken: »Meine Mitarbeiter sollen ja ruhig Pausen machen, aber ich kann mir das nicht leisten«? Dann unterschätzen Sie Ihre Rolle als Führungskraft.

Tatsächlich beobachten Mitarbeiter ihre Vorgesetzten sehr genau. Häufig nehmen sie mehr wahr, als den Chefs bewusst ist. Wenn Manager anders sprechen als handeln, werden ihre Mitarbeiter besonders sensibel – und übernehmen im Zweifelsfall eher die vorgelebte Botschaft als die eigentlich gemeinte.

BEISPIEL

Frau M. ist Abteilungsleiterin in einer Versicherung. Bei ihren Mitarbeitern ist sie sehr beliebt. Vor dem Jahreswechsel ist wie immer besonders viel zu tun. Ihr Team möchte sie nicht übermäßig belasten, daher sagt sie im Meeting, dass niemand auf Pausen verzichten oder Überstunden machen solle. Sie selbst verzichtet aber seit zwei Wochen auf ihre Mittagspause und wird stattdessen dabei gesehen, wie sie schnell ein Brötchen an ihrem Schreibtisch isst, während sie ihre Mails checkt. Seitdem ist sie auch immer die letzte, die das Büro verlässt. Ihre Überstunden schreibt sie als Abteilungsleiterin natürlich erst gar nicht auf. Aus den von ihr verschickten E-Mails wird deutlich, dass sie auch am Wochenende arbeitet.

Sie ist erstaunt, als sie entdeckt, dass auch ihre Mitarbeiter kaum noch Pausen und vermehrt Überstunden machen. Außerdem haben auch die Teammitglieder angefangen, ihre E-Mails am Wochenende zu beantworten. Und das, obwohl sie doch ausdrücklich gesagt hatte, es solle niemand die Pausen ausfallen lassen!

Gehen Sie mit gutem Beispiel voran

Wenn Sie ernsthaft möchten, dass Ihre Mitarbeiter ihre Auszeiten nehmen, müssen Sie deshalb eindeutige Botschaften senden! Ihr Verhalten muss mit dem, was Sie verkünden, übereinstimmen. Wenn die Unternehmenskultur auf Selbstaufopferung und Selbstausbeutung der Führungskräfte beruht, kann die Etablierung einer guten Pausenkultur viel Mut erfordern. In vielen Firmen gilt eine lange und ununterbrochene Arbeitszeit geradezu als Voraussetzung für einen Aufstieg in der Hierarchie.

BEISPIEL

Herr G. zählte zu den besonders ehrgeizigen Führungskräften. Alle staunten über seinen Arbeitseinsatz und seine Vorgesetzten waren sehr erfreut. Wenn man abends an seinem Büro vorbeiging, brannte noch Licht, der PC lief, das Sakko hing über dem Stuhl. Ganz offensichtlich war Herr G. noch in der Firma, auch wenn er gerade nicht am Platz war. E-Mails an Mitarbeiter und Vorgesetzte wurden häufig noch spät am Abend versandt.

Irgendwann flog die Taktik von Herrn G. jedoch auf. In Wirklichkeit hatte auch er längst Feierabend gemacht, seinen Arbeitsplatz aber absichtlich so eingerichtet, dass es noch nach Arbeit aussah. Und im Mail-Programm lässt sich auch eine spätere Versandzeit einstellen, so dass tagsüber geschriebene Nachrichten erst am Abend versandt werden.

Man kann über die Bemühungen derartiger Manager schmunzeln, die auf jede nur mögliche Weise einen guten Eindruck hinterlassen möchten. Tatsächlich sollte uns aber eine Firmenkultur zu denken geben, die solche Verhaltensweisen hervorbringt und fördert. Wenn der äußere Anschein bessere Aufstiegsmöglichkeiten verspricht, als die tatsächlich erbrachte Arbeitsleistung, stimmt etwas mit den Bewertungskriterien und der Auswahl der Führungskräfte nicht.

Federn Sie den Druck von oben ab

Mut ist aber nicht nur im Hinblick auf die eigenen Karrierechancen erforderlich, wenn man eine andere Pausenkultur fördern möchte. Um dem Team wirklich ausreichende Pausen und einen pünktlichen Feierabend zu ermöglichen, müssen Führungskräfte sich eventuell auch wegen einer zu hohen Arbeitsbelastung der Mitarbeiter gegen ihre eigenen Chefs wehren und Grenzen setzen.

Leider neigen viele Vorgesetzte dazu, den Druck einfach nach unten weiterzureichen. Wenn Mitarbeiter sich über eine nicht zu bewältigende Arbeitslast beklagen, wird der Schwarze Peter mit der Bemerkung »Dann stimmt wohl was mit Ihrem Zeitmanagement nicht«, einfach weitergereicht. Dabei gehört es zu den originären Aufgaben von Managern, die Ressourcen entsprechend den Zielen einzuteilen und bei Bedarf anzupassen. Häufig stoßen Führungskräfte aber auf taube Ohren, wenn sie sich gegen immer neue Aufgaben und Projekte für ihr Team wehren.

Enorm wirkungsvoll ist es, wenn das obere Management vorlebt, dass Pausen und Auszeiten gewollt sind und genommen werden dürfen. Lassen Sie also Ihr Team ruhig sehen, dass und wie Sie Pausen machen und wann Sie in den Feierabend gehen. Dies dient nicht nur der Förderung Ihrer eigenen Leistungsfähigkeit, sondern auch der Ihres Teams.

Dieses positive Vorbild kann dann nicht nur auf die eigenen Mitarbeiter, sondern auch auf andere Manager wirken. Wenn sie sehen, dass die andere Abteilungsleiterin bewusst auf ihre Pausen und Auszeiten achtet und trotzdem ihr Arbeitspensum schafft, ermutigt das häufig auch Kolleginnen und Kollegen auf einer ähnlichen Hierarchieebene.

Pausenkultur im Team fördern

Überprüfen Sie doch einmal, welche Pausenkultur in Ihrem Team herrscht:

- Nehmen Ihre Mitarbeiter die gesetzlich vorgeschriebenen Pausen?
- Machen die Teammitglieder auch zusätzliche kurze Pausen, wenn sie sie benötigen?

- Täuschen Ihre Mitarbeiter ganz schnell intensive Beschäftigung vor, wenn Sie sie bei einem Päuschen »erwischen«?
- Machen Sie in solchen Fällen Bemerkungen wie: »Sie werden hier fürs Arbeiten bezahlt und nicht fürs Kaffeetrinken«?
- Achten Sie auf die Einhaltung der Arbeits- und Pausenzeiten Ihrer Mitarbeiter?
- Dienen Sie selbst als Vorbild für das Einhalten von Auszeiten oder stellen Sie sich eher als Workaholic dar?
- Gehen Sie auch einmal mit Ihrem Team gemeinsam in die Kantine oder nehmen an der Frühstückspause teil?
- Kommt es vor, dass Sie ein Frühstück oder Kaffee und Kuchen für alle ausgeben?

BEISPIEL

Aus einem deutschen Großkonzern war Herr S. es gewöhnt, dass lange Arbeitszeiten und ein Verzicht auf Pausen von Managern schlicht erwartet und vorausgesetzt werden. Dann ging er für einige Jahre zu einer niederländischen Filiale seiner Firma. Er war völlig überrascht, als sein Chef ihn um 17 Uhr fragte, was er denn immer noch im Büro wolle. Das Team würde jetzt gemeinsam grillen gehen, und er solle doch bitte mitkommen. Dies war durchaus keine Ausnahme, sondern die dort gelebte Unternehmenskultur. Mit der Zeit stellte er fest, dass sein geleistetes Arbeitspensum trotzdem mindestens genauso hoch war, er es aber deutlich entspannter – und kreativer – erledigte.

Wenn Führungskräfte die Pausenkultur in ihrem Team fördern möchten, können sie in zwei Stufen vorgehen:

1. **Pflicht**: auf Einhaltung der gesetzlich vorgesehenen Arbeits- und Pausenzeiten achten.
2. **Kür**: dafür sorgen, dass leistungssteigernde Kurzpausen möglich sind und auch genommen werden.

Im ersten Schritt sollten Führungskräfte also bewusst überprüfen, ob die gesetzlichen Pausen von den Mitarbeitern wahrgenommen werden. Falls das nicht so sein sollte, weil die Mitarbeiter das Gefühl haben, dann ihre Arbeit nicht zu schaffen, müssen Sie aktiv werden! Ein kurzer Hinweis, das Team möge doch die Arbeit so organisieren, dass Pausen genommen werden können, reicht nicht. Es gehört zu den Fürsorgepflichten des Arbeitgebers, dass Vorgesetzte Pausen ermöglichen. Sie müssen also entweder die Arbeitsbelastung der Mitarbeiter verändern, oder konkrete Anregungen für ein verbessertes Zeitmanagement geben. Dazu könnte z. B. gehören, klare Prioritäten zu benennen und die Erlaubnis zu geben, Aufgaben mit geringerer Wichtigkeit zu verschieben.

Falls es bei Ihnen eine Arbeitszeitüberprüfung gibt, sollten Sie einmal nachsehen, ob Mitarbeiter ihre Pausen an das Arbeitsende legen, um früher in den Feierabend gehen zu können. Das ist nicht sinnvoll und sollte unterbunden werden. Pausen müssen regelmäßig über den Tag verteilt werden, und zwar in ausreichend langen Einheiten.

Geeignete Maßnahmen

Als Führungskraft sind Sie sowohl auf individueller Ebene für die Verhaltensprävention sowie in Bezug auf die allgemeinen Arbeitsbedingungen für die sog. Verhältnisprävention zuständig. Als Vorgesetzter haben Sie nicht nur darauf zu achten, dass Ihre Mitarbeiter ihre Pausen zu den vorgegebenen Zeiten wirklich einhalten. Auch im Rahmen der Verhältnisprävention können und sollten Sie tätig werden: Hier geht es um die geeignete Gestaltung der Arbeitsumgebung. Sorgen Sie z. B. für die Einrichtung eines Pausen- oder Ruheraums oder für die Schaffung von Bewegungsmöglichkeiten am Arbeitsplatz.

Wenn Sie sich intensiver um die Pausenkultur in Ihrem Bereich kümmern möchten, können Sie viel tun. Sie finden hier einige Anregungen. Machen Sie sich dazu Anmerkungen, wie Sie ausgewählte Maßnahme umsetzen wollen.

Maßnahme	Umsetzung
Einführen von Pausengymnastik	
Gemeinsames Frühstück mit dem Team, z. B. einmal in der Woche	
Mit Mitarbeitern zum Mittagessen gehen	
Programm für den PC mit Pausenübungen anschaffen	
Seminare für Entspannung oder Zeitmanagement in das Fortbildungsangebot aufnehmen	
Team über gesetzliche Grundlagen für Pausen informieren	
Gymnastikgeräte in den Büros bereitstellen	

Maßnahme	Umsetzung
Ruhigen Pausenraum einrichten in der Nähe der Arbeitsplätze	
Fitnessraum in der Firma einrichten	
Ruheraum in der Firma einrichten	
Mehrere Mitarbeiter gemeinsam Pause machen lassen	
Teeküche mit Sitzmöglichkeiten einrichten	
Sinn von Kurzpausen im Team erläutern	
Gemeinsame Unternehmungen nach Feierabend	
...	

Am besten treffen Sie zu diesem Thema aber keine einsamen Entscheidungen, sondern besprechen sich mit Ihren Mitarbeitern. Erklären Sie die Wichtigkeit von Pausen und erläutern Sie, warum Ihnen eine gute Pausenkultur wichtig ist. Sammeln Sie Ideen Ihres Teams und machen Sie eigene Vorschläge. Klären Sie auch, ob Ihr Team feste Pausen zu bestimmten Zeiten bevorzugt oder ob selbst festgelegte flexible Pausenzeiten gewünscht werden.

Bleiben Sie konsequent! Achten Sie darauf, ob die Absprachen zu Pausen auch eingehalten werden. Bei Bedarf müssen Sie Ihr Team noch einmal darauf ansprechen. Sie werden sich sicher auch mal im Zaum halten müssen, wenn Arbeitsaufgaben dringend erledigt werden müssen und Sie Ihre Mitarbeiter bei der Pause »erwischen«. Machen Sie sich dann die positiven Wirkungen von Auszeiten bewusst und vertrauen Sie auf die Selbststeuerungsfähigkeiten Ihrer Mitarbeiter.

BEISPIEL

In einer Studie der Universität Wuppertal wurde die Wirkung von speziellen Pausenräumen – sog. Silent Rooms – auf Mitarbeiter von Callcentern untersucht, die ja den ganzen Tag mit anderen Menschen telefonieren mussten. Sie konnten sich in ihren Pausen in diesen Räumen hinlegen und über Kopfhörer Entspannungsübungen oder Musik hören. Bei den Mitarbeitern, die die Räume regelmäßig nutzten, waren die Stresshormone im Blut gesunken und sie fühlten sich entspannter, schliefen nachts besser und ihre Leistungsfähigkeit hatte sich deutlich verbessert.

Sie finden in der folgenden Tabelle die kurz- und langfristigen Vorteile eines guten Pausensystems noch einmal im Überblick. Damit haben Sie für sich und andere eine gute Argumentationsgrundlage.

	Kurzfristige Effekte	Mittel- bis langfristige Effekte
Ebene des einzelnen Mitarbeiters	▪ Geringere Ermüdung am Arbeitsende ▪ Höhere Arbeitsmotivation ▪ Gesteigertes Wohlbefinden ▪ Höhere Problemlösungsleistung ▪ Bessere Arbeitsleistung	▪ Weniger körperliche Beeinträchtigungen und Muskelerkrankungen ▪ Geringere Erschöpfung ▪ Bessere Erholung nach der Arbeit
Ebene der Organisation	Weniger illegitime Pausen	▪ Weniger Arbeitsunfälle ▪ Geringere Fluktuationsrate ▪ Kürzere Anlernzeiten

Auf einen Blick: Führungskräfte und Pausenkultur

- Der Erwartungsdruck auf Manager von außen und der eigene Perfektionismus bilden häufig einen giftigen Cocktail. Werden dann die persönlichen Ressourcen nicht richtig eingeschätzt und Überlastung nicht erkannt, sind körperliche und psychische Probleme vorprogrammiert.
- Die richtige Anzahl an Pausen führt zu mehr, nicht zu weniger Produktivität – bei Mitarbeitern und Führungskräften.
- Kreatives Arbeiten und Innovationskraft sind ohne ausreichende Auszeiten langfristig nicht möglich.
- Pausen einzuhalten und einzufordern braucht nicht selten Mut. Wer die erbrachte Leistung statt des äußeren Anscheins im Blick behält, hat die besseren Argumente auf seiner Seite.
- Für die richtige Pausenkultur unter den eigenen Mitarbeitern müssen Führungskräfte aktiv sorgen. Dazu gibt es zahllose Möglichkeiten sowohl auf individueller Ebene (Verhaltensprävention) wie in Bezug auf die allgemeinen Arbeitsbedingungen (Verhältnisprävention).

Abschalten am Feierabend

Die Pausen während der Arbeitszeit reichen nicht aus, um sich vollständig zu erholen und die Energiereserven wieder aufzufüllen. Mindestens genauso wichtig ist der Feierabend.

In diesem Kapitel erfahren Sie u. a.,

- wie Sie Ihren Körper und Ihren Geist in den Freizeit-Modus versetzen,
- mit welchen Methoden Sie am besten abschalten können,
- wie Sie Ihren optimalen Feierabend planen.

Rituale entwickeln

Ein wirklich erholsamer Feierabend fängt nicht erst zuhause an. Viele machen den Fehler, noch mit Gedanken an die Arbeit hektisch in die Freizeit zu starten. Auf dem Heimweg wechseln sich dann Gedanken an die Arbeit ab mit Gedanken an all die Dinge, die man heute alle noch zuhause erledigen will.

Schon am Arbeitsplatz können Sie einiges dafür tun, dass Sie am Feierabend wirklich den Kopf frei haben für Ihr Privatleben. Am hilfreichsten ist es, wenn Sie für sich Rituale entwickeln, die jeden Tag gleich ablaufen und Ihrem Organismus deutlich signalisieren, dass jetzt die Erholungszeit beginnt.

Tagesrückblick einplanen

Fangen Sie also mit dem Abschalten noch am Arbeitsplatz an! Am Ende des Arbeitstages sollten Sie nicht gleich hektisch aufbrechen, sondern 10 Minuten für einen Tagesrückblick einplanen:

- Was haben Sie von Ihrer To-do-Liste erledigen können? Haken Sie es ab.
- Ist für heute irgendetwas unerledigt geblieben? Planen Sie es für die kommenden Tage in Ihrem Kalender ein.
- Was ist an diesem Tag Besonderes vorgefallen? Müssen Sie daraufhin irgendetwas veranlassen?

- Wie sehen Ihre To-dos für morgen aus? Was steht auf Ihrem Kalender? Erstellen Sie eine Liste von Aufgaben für den nächsten Tag.
- Woran möchten Sie morgen auf jeden Fall denken?
- Wie beurteilen Sie diesen Tag? Loben Sie sich selbst und überlegen Sie auch, womit sich Ihre Mitarbeiter oder Kollegen heute Anerkennung verdient haben.

Vielen Menschen fällt es schwer, am Feierabend abzuschalten, weil ihnen immer wieder Dinge einfallen, die sie bei der Arbeit vergessen haben: »Oh nein, ich wollte doch Frau Meier noch sagen, dass Herr Müller angerufen hat!« Wenn Sie sich die Zeit für Ihren Tagesrückblick genommen haben, wissen Sie, dass Sie nichts vergessen haben.

Arbeitsende markieren

Sie sollten sich ein Ritual für das Arbeitsende schaffen. Machen Sie bewusst Dinge, die Ihrer Psyche das Ende des Arbeitstages anzeigen. Es fällt Ihnen dann leichter, mit Beginn Ihrer Freizeit auch das Thema Arbeit aus dem Kopf zu bekommen.

BEISPIEL

Zu Ihrem Feierabendritual könnte das Aufräumen des Schreibtisches gehören, das Wegbringen und Abwaschen Ihrer Kaffeetasse, das Herunterfahren des Computers und das Verabschieden von Kollegen.

Wenn Sie solche Schritte immer in der gleichen Reihenfolge ausführen, fährt Ihr Organismus automatisch herunter.

Als letztes sollten Sie sich noch einen Schlüsselreiz überlegen, der für Sie das Ende des Arbeitstages anzeigt. Es sollte wirklich die letzte Tat sein, die Sie am Arbeitsplatz noch erledigen.

BEISPIEL

Das kann das Heranschieben des Schreibtischstuhls an den Tisch sein, der Wechsel von der Arbeitskleidung in die privaten Sachen, das Abschließen des Büros oder des Gebäudes oder das Ausstempeln.

Zelebrieren Sie diese letzte Tat des Arbeitstages bewusst. Atmen Sie noch einmal tief durch und denken Sie ganz bewusst den Satz: »Jetzt ist Feierabend!«

Auch die Heimfahrt eignet sich hervorragend für ein bewusstes Abschalten. Optimal ist es, wenn Sie zumindest einen Teil des Weges für körperliche Bewegung nützen können, z. B. mit dem Fahrrad fahren oder von der S-Bahn oder der Bushaltestelle zu Fuß nach Hause gehen. Bewegung dient dem Stressabbau und hilft dabei, den Kopf wieder frei zu kriegen.

Falls Sie mit dem Auto oder öffentlichen Verkehrsmitteln unterwegs sind, nützen Sie diese Zeit bewusst zum Abschalten. Sie können sich z. B. noch einmal die Ereignisse des Tages durch den Kopf gehen lassen, Ihre Lieblingsmusik hören, sich an der vorbeiziehenden Landschaft erfreuen oder sich überlegen, was Sie an Ihrem Feierabend Schönes machen wollen.

In Bahn oder Bus könnten Sie auch eine kleine Entspannungsübung einlegen.

Zuhause ankommen

Vielleicht folgen Sie beim Ankommen zuhause unbemerkt schon einer Art Ritual. Wie sieht Ihr Ablauf dort aus? Tür aufschließen, Schlüssel ablegen, Tasche wegstellen, Mantel und Schuhe ausziehen, Frau bzw. Mann, Kinder, Hund oder Katze begrüßen, Kaffee trinken, Post ansehen? Diese immer gleiche Art des Ankommens im Privatleben hilft beim Umschalten. Hilfreich ist alles, was dazu beiträgt, den Arbeitstag abzustreifen. Dabei kann eine Dusche helfen, bei der Sie gedanklich alles an Anstrengung und Belastung von sich abwaschen. Auch das Wechseln von der Büro- in die Freizeitkleidung kann so ein symbolischer Akt des Abschaltens sein.

> Es ist nicht wichtig, wie Ihr Feierabendritual aussieht. Es ist nur wichtig, dass es immer gleich abläuft, damit ein Gewohnheitseffekt des Abschaltens eintritt. Begehen Sie den Wechsel von Arbeits- zu Freizeit und nehmen Sie ihn bewusst wahr.

Methoden zum Abschalten

Nachdem Sie Ihre Rituale zur Abgrenzung zwischen Arbeits- und Privatleben entwickelt haben, können Sie überlegen, mit welchen Methoden Ihnen das Abschalten am besten gelingt.

Es gibt zwei Basistechniken, die erwiesenermaßen dem Abbau von Anspannung und der Verbesserung der Stressresistenz dienen: einmal täglich körperlich auspowern und 20 Minuten am Tag entspannen. Die kurze, aber intensive körperliche Bewegung hilft Ihnen, Stresshormone und Anspannung abzubauen. Die Entspannungsübung sorgt dafür, dass Sie geistig abschalten und zur Ruhe kommen.

Überlegen Sie also, wie Sie auch am Feierabend noch zu Bewegung kommen. Das kann die Heimfahrt von der Arbeit mit dem Fahrrad sein, der Spaziergang mit dem Hund, die Joggingrunde, der Besuch im Fitnessstudio oder die Gartenarbeit. Am besten suchen Sie sich Bewegungsarten aus, die Ihnen wirklich Spaß machen und zu denen Sie sich nicht zwingen müssen. Vielleicht tanzen Sie gerne durch Ihr Wohnzimmer oder toben mit den Kindern über den Spielplatz?

Sehr effektiv ist auch eine Zeit für Entspannung, z. B. direkt nach dem Nachhausekommen. Besprechen Sie mit Ihrer Partnerin oder Ihrem Partner und der Familie, dass Sie Ihre ruhige Viertelstunde brauchen, wenn Sie nach Hause kommen, um danach dann wirklich für die anderen da sein zu können. Richten Sie sich eine gemütliche Rückzugsecke ein, in der Sie ungestört sind, z. B. ein bequemer Sessel im Schlafzimmer.

> Falls Sie lernen wollen, sich schnell und tief zu entspannen, sollten Sie einen Kurs für ein Entspannungsverfahren besuchen. Jede Volkshochschule und fast jede Krankenkasse hat entsprechende Angebote im Programm; Krankenkassen leisten häufig Zuzahlungen zu den Kurskosten.

Suchen Sie sich ein Entspannungsverfahren aus, das Ihnen persönlich liegt und sympathisch ist – die Auswahl ist groß. Falls Ihnen das ruhige Sitzen oder Liegen schwerfällt, können Sie es mit Verfahren wie Yoga, Tai-Chi oder der Progressiven Muskelentspannung versuchen. Bei diesen Verfahren werden bestimmte Bewegungsabläufe durchgeführt, die zur Entspannung führen. Das ist für Menschen mit starker innerer Unruhe oft besser umzusetzen.

Wenn Sie mit dem Stillsitzen keine Probleme haben, können Sie auch ruhigere Methoden probieren, z. B. Autogenes Training oder Meditation. Einige einfache Methoden der Atemmeditation haben Sie schon im Kapitel »Praktische Übungen für die Pause« kennengelernt.

Im Folgenden stellen wir Ihnen eine Übung vor, die etwas mehr Zeit braucht. Deswegen eignet sie sich besser für zuhause als für eine Pause am Arbeitsplatz. Diese Übung hat sich in vielen Studien als sehr effektiv erwiesen unwd stellt dabei keine hohen Ansprüche.

Entspannungsübung Body Scan

Planen Sie für diese Übung 15 bis 20 Minuten ein. Suchen Sie sich dafür einen ruhigen Ort, an dem Sie ungestört sind. Sie sollten sich dort bequem hinlegen oder setzen können, und es sollte warm genug sein.

Decken Sie sich zu und lassen Sie die Augen zufallen. Bei dieser Übung geht es nicht darum, irgendetwas zu tun. Inhalt des Body Scan ist eine aufmerksame Reise durch den Körper. Sie richten Ihre Aufmerksamkeit intensiv auf einzelne Bereiche Ihres Körpers und nehmen einfach nur wahr, was Sie dort im Moment empfinden. Es muss nichts Bestimmtes passieren. Alles, was Sie wahrnehmen, ist richtig so.

Lenken Sie Ihre Aufmerksamkeit als Erstes auf Ihre Füße. Können Sie spüren, wo sie Berührungspunkte mit der Unterlage haben? Ob sie warm oder kalt sind? Was spüren Sie noch an Berührungen?

Ihre Aufmerksamkeit wandert dann nach und nach weiter durch den Körper: zu den Unterschenkeln, den Oberschenkeln, dem Gesäß, dem Bauch, dem Brustkorb, dem Rücken, dem Schulter-Nacken-Bereich, den Oberarmen, den Unterarmen, den Händen und den Fingern, dann zum Kopf und zum Gesicht. Nehmen Sie sich Zeit, allen Körperbereichen in Ruhe nachzuspüren.

Achten Sie während der gesamten Übung auf einen ruhigen Atemfluss. Falls Sie irgendwo unangenehme Empfindungen spüren, versuchen Sie, in diese Stelle hineinzuatmen und loszulassen.

Wahrscheinlich werden Sie merken, dass Ihre Gedanken immer mal wieder abschweifen. Das ist normal und nicht weiter schlimm. Nehmen Sie die Tatsache ebenfalls wahr und kehren Sie wieder zur Wahrnehmung Ihres Körpers zurück.

Am Ende der Übung spüren Sie noch einmal im gesamten Körper nach, ob Sie Veränderungen wahrnehmen können. Dann atmen Sie tief durch, recken und dehnen sich und öffnen langsam wieder die Augen.

Sie werden feststellen, dass Ihnen die Übung immer leichter fällt, je öfter Sie sie ausführen. So sorgen Sie für Entspannung in Körper und Geist und werden mit der Zeit gelassener und stressresistenter.

Lästige Gedanken abstreifen

Oft beschäftigen uns Probleme aus dem Arbeitsalltag weit in den Feierabend hinein oder rauben uns sogar den Schlaf. Das muss nicht so sein. Es gibt unterschiedliche Strategien, lästige Gedanken aus dem Berufsalltag erfolgreich loszuwerden:

- Tauschen Sie sich mit Ihrer Partnerin oder Ihrem Partner für eine begrenzte Zeit über Ihren Tag aus. Jeder hat höchstens

15 Minuten. Damit sind Sie beide die Dinge losgeworden, die Sie im Laufe des Tages besonders beschäftigt haben. Dann sollte das Thema aber beendet sein, damit Sie nicht den ganzen Feierabend lang mit beruflichen Themen befasst sind.

- Falls Ihnen noch zu erledigende Dinge für den Berufsalltag einfallen, schreiben Sie sie auf. So müssen Sie sich gedanklich nicht weiter damit beschäftigen und können die Sache am nächsten Tag klären. Das funktioniert auch, wenn Sie nachts mit Gedanken an die Arbeit wach werden. Wenn immer Zettel und Stift bereitliegen, können Sie es notieren und beruhigt wieder einschlafen.
- Falls Sie eine gut ausgeprägte bildliche Fantasie haben, können Sie beim Verlassen des Firmengebäudes oder vor dem Schlafengehen Folgendes probieren: Sie stellen sich vor, wie Sie alle Gedanken an die Arbeit aus Ihrem Kopf wegräumen und für den Feierabend und die Nacht irgendwo verstauen, z. B. in einem abschließbaren Schrank oder einer Truhe. Dort bleiben die Gedanken ordentlich weggeräumt liegen, bis Sie sie bewusst wieder hervorholen, wenn der Zeitpunkt passt. Wenn Sie sie nicht mehr brauchen, können Sie die Gedanken für immer in der Truhe lassen.

BEISPIEL

Herr H. hat für sich folgende Technik zum Befreien von lästigen Gedanken an die Arbeit entwickelt: Auf dem Weg zu seinem Auto verstaut er mental alle Gedanken an die Arbeit in einer gedachten Plastiktüte. Er stellt sich dann vor, wie er diese Tüte in einer Hecke am Rand des Parkplatzes verstaut. Am nächsten Morgen entscheidet er sich, ob er die Tüte mit seinen Gedanken wieder mit ins Büro nimmt oder ob er sie einfach in der Hecke belässt.

- Für Menschen, denen es schwerfällt, gedanklich abzuschalten, eignet sich die Methode des Gedankenstopps. Immer wenn Sie merken, dass Ihre Gedanken wieder bei der Arbeit sind, denken oder sagen Sie ganz energisch »Stopp«. Fügen Sie sich gleichzeitig einen kleinen Schmerz zu, indem Sie sich z. B. selber kneifen. Das hilft Ihnen, die Gedanken in eine andere Bahn zu lenken. Der unangenehme Schmerzreiz erzieht Ihr Gehirn dazu, sich nicht mehr zu unerwünschten Zeiten mit der Arbeit zu befassen.

Aktiv erholen

Eine aktiv verbrachte Freizeit hilft Ihnen viel besser, Ihre Energiereserven wieder aufzufüllen als das passive Konsumieren von Fernsehen oder PC-Spielen. Auch wenn viele glauben, sie würden beim Fernsehen entspannen, trifft das nicht wirklich zu. Oder wie entspannt und erfrischt fühlen Sie sich, wenn Sie den ganzen Abend auf der Couch verbracht und von einem Sender zum nächsten gehüpft sind?

> Aus der Hirnforschung wissen wir, dass unser Gehirn auch bei seichten Sendungen im Fernsehen nicht wirklich abschaltet. Schließlich kommen auch dabei viele Informationen (Bilder, Töne) bei uns an, die unser Hirn verarbeiten will.

Deutlich effektiver für die Entspannung sind aktive Methoden, wie Bewegung oder Entspannungsübungen. Ein Spaziergang in der Natur etwa ist optimal geeignet, auch mental abzuschalten.

Es gibt viele Möglichkeiten, sich aktiv zu erholen. Stellen Sie sich eine Liste von Dingen zusammen, die Sie früher gerne gemacht haben und die Ihnen auch heute noch Spaß machen könnten. Denn wenn Sie richtig erschöpft sind, wird Ihnen so schnell keine Alternative zum Fernsehen und »Abhängen« einfallen. Dann brauchen Sie nur einen Blick auf Ihre Liste mit angenehmen Beschäftigungen zu werfen und sich etwas Schönes auszusuchen. Hier ein paar Anregungen. Kreuzen Sie an, welche Aktivität Sie reizt und ergänzen Sie die Liste um eigene Ideen.

Aktivität	**Gefällt mir**
Spazierengehen, Fahrradfahren	
Sport treiben	
Einem Hobby nachgehen, z. B. basteln, handarbeiten, malen, Rätsel lösen	
Mit Freunden oder Familie etwas zuhause machen, z. B. Spieleabend, gemeinsam Kochen	
Ausgehen, z. B. ins Kino, ins Theater, ins Konzert, in das neue Restaurant, Tanzen gehen	
Sich in einem Verein engagieren	
Einen Vortrag oder einen Kurs besuchen	
Im Garten oder Haushalt werkeln	
Musik hören oder selber Musik machen	
Einen wirklich guten Film ansehen	

Aktivität	Gefällt mir
In die Sauna gehen, ein Schaumbad nehmen	
In die Sonne setzen, den Himmel beobachten	
Tiere beobachten, Blumen pflücken, Pilze sammeln	
Wellness, Körperpflege betreiben	
...	

Schlafen Sie gut

Ganz wichtig für die Erholung ist natürlich ausreichend guter Schlaf. Bedauerlicherweise leiden viele stressgeplagte Menschen unter Schlafstörungen. Sie können lange nicht einschlafen oder wachen nachts immer wieder mit Gedanken an die Arbeit auf. Damit geraten sie schnell in den bereits beschriebenen Teufelskreis von immer mehr Anstrengung und immer schlechterer Erholung (siehe hierzu auch das Kapitel »Pausen wirken Wunder«).

Falls Sie von Schlafstörungen betroffen sind, können Abend- und Einschlafrituale helfen. Zur Ruhe kommen und einschlafen ist am leichtesten, wenn Sie bestimmte Abläufe zu bestimmten Zeiten haben. Sie sollten also immer die gleiche Abfolge von Tätigkeiten zur gleichen Zeit vor dem Schlafengehen haben: Vorhänge zuziehen, einen schönen Tee machen, umziehen, waschen und Zähne putzen, Licht ausmachen, ins Bett gehen. Sie geben Ihrem Organismus dann schon frühzeitig das Signal, dass es jetzt Zeit für Ruhe und Schlaf ist. Nichts anderes tun wir mit unseren Kindern, für die wir meistens auch Rituale zum Schlafengehen entwickelt haben.

Sechs Tipps zum Einschlafen	
1.	Das Schlafzimmer sollte eine Raumtemperatur von 16 bis 18 Grad haben sowie eine Luftfeuchtigkeit von 40 bis 60 %. Sorgen Sie durch Lüften morgens und abends für ausreichend Frischluft.
2.	Im Schlafzimmer wird nur geschlafen! Fernseher, PC, Telefon oder Handy haben im Schlafzimmer nichts verloren. Gestalten Sie sich Ihren Schlafbereich gemütlich, einladend und kuschelig.
3.	Versuchen Sie, immer um die gleiche Zeit schlafen zu gehen, aber erst dann, wenn Sie wirklich müde sind. Sie haben nichts davon, wenn Sie sich unruhig im Bett hin und her wälzen.
4.	Gönnen Sie sich einen Schlummertrunk. Ein Glas warme Milch mit Honig oder ein beruhigender Tee sind gut geeignet; alkoholische oder koffeinhaltige Getränke verhindern das Einschlafen.
5.	Essen Sie einige Stunden vor dem Schlafgehen möglichst nichts und wenn überhaupt dann leichte Gerichte. Rohkost kann übrigens schwer im Magen liegen.
6.	Machen Sie sich einen ruhigen Abend. Blutrünstige Krimis, Nachrichten aus Kriegsgebieten oder Problemgespräche verhindern das Einschlafen.

Wochenplan für den optimalen Feierabend

Nachdem Sie schon für Ihren Arbeitstag herausgefunden haben, welche Pausenzeiten und Aktivitäten für Sie am günstigsten sind, können Sie das Gleiche nun mit Ihrem Feierabend machen. Nehmen Sie sich wieder eine Woche Zeit zum Ausprobieren. Überlegen Sie, was Sie an jedem einzelnen Abend machen möchten. Wählen Sie ganz unterschiedliche Aktivitäten aus, damit Sie prüfen können, was für Sie am besten geeignet ist. Vielleicht verbringen Sie einen Abend ganz entspannt, einen ganz aktiv, einen alleine, den anderen in Gesellschaft usw. Tragen Sie die geplanten Aktivitäten für jeden Feierabend der Woche in die Tabelle ein.

Am Ende der Woche bewerten Sie die Erholungswirkung Ihrer Feierabende. Was Ihnen gut gefallen, Spaß gemacht und Ihnen neue Energie geschenkt hat, behalten Sie für die Zukunft bei.

Nutzen Sie Ihre freie Zeit bewusst, um wieder neue Kräfte zu tanken und zur Ruhe zu kommen!

Aktivität	Mo	Di	Mi	Do	Fr
Rückschau auf den Arbeitstag					
Bewusstes Beenden des Arbeitstags					
Letzte Tat am Arbeitsplatz					
Gestaltung des Heimwegs					
Ritual zum Ankommen					
Erholungseffekt					

Eine Vorlage zum Download finden Sie unter http://mybook.haufe.de, Buchcode TGA-HL12, in der Rubrik »Kommunikation & Soft Skills«.

Auf einen Blick: Abschalten am Feierabend

- Abschalten kommt nicht von allein. Es sind Rituale nötig, die den Feierabend einläuten. Dazu gehört ein Tagesrückblick, ein Ritual, das das Arbeitsende als Zäsur markiert, und eines für das Ankommen zuhause.
- Verschiedene Methoden helfen Ihnen dabei, zu entspannen und lästige Gedanken an die Arbeit ad acta zu legen und sich anschließend aktiv zu erholen.
- Schlafstörungen sind eine so lästige wie häufige Begleiterscheinung von beruflicher Beanspruchung. Sechs Tipps helfen beim Einschlafen.
- Mit einem Wochenplan lässt sich herausfinden, welche Entspannungsübungen und Aktivitäten zu persönlichen Favoriten für den Feierabend werden sollten.

Literatur

Eder, B.-C., Wendsche, J.: Evaluierung der psychischen und physischen Ent-Lastung, 2014.

Fessler, N.: Rasant entspannt – Die besten Minuten-Übungen gegen den Alltagsstress, Stuttgart 2013.

Frank, G., Storch, M.: Die Mañana-Kompetenz – Auch Powermenschen brauchen Pause, München 2016.

Grasberger, D.: Autogenes Training, München 2015.

Höffler, H.: Stressfrei in 10 Minuten, Hannover 2010.

Kabat-Zinn, J.: Gesund durch Meditation, München 2013.

Matyssek, A. K.: Gesund führen – sich und andere!, Norderstedt 2011.

Moschke, G., Atteneder, A.: Powernapping – Smarte Pausen mit großem Erfolg, Linz 2013.

Ohm, D.: Stressfrei durch Progressive Relaxation, Stuttgart 2011.

Oppolzer, A.: Menschengerechte Gestaltung der Arbeit durch Erholzeiten (Kurzpausen), Gutachten gefördert von der Hans-Böckler-Stiftung 2006.

Pohl, M.: Business-Meditation, Offenbach 2013.

Sonntag, R.: Blitzschnell entspannt, Stuttgart 2009.

Ulich, E., Wülser, M.: Gesundheitsmanagement in Unternehmen – Arbeitspsychologische Perspektiven, Wiesbaden 2015.

Zimber, A., Hentrich, S.: Psychische Gesundheit von Führungskräften: Ergebnisbericht zur PsyGeMa-Studie, Heidelberg 2015.

Stichwortverzeichnis

Impressum

Bibliografische Information der Deutschen Nationalbibliothek
Die Deutsche Nationalbibliothek verzeichnet diese Publikation in der Deutschen Nationalbibliografie; detaillierte bibliografische Daten sind im Internet über http://www.dnb.dnb.de abrufbar.

Print: ISBN: 978-3-648-09401-3 Bestell-Nr.: 10739-0001
ePub: ISBN: 978-3-648-09370-2 Bestell-Nr.: 10739-0100
ePDF: ISBN: 978-3-648-09404-4 Bestell-Nr.: 10739-0150

Julia Scharnhorst
Pausen machen munter – Kraft tanken am Arbeitsplatz
1. Auflage 2017

Redaktionsanschrift: Fraunhoferstraße 5, 82152 Planegg/München
Internet: www.haufe.de
E-Mail: online@haufe.de
Redaktion: Jürgen Fischer

Konzeption und Realisation: Nicole Jähnichen, www.textundwerk.de
Lektorat: Gisela Fichtl, München
Umschlaggestaltung: Grafikhaus, München
Umschlagentwurf: RED GmbH, Krailling
Umschlag innen: Nadine Roßa, sketchnote-love.com
Satz: Reemers Publishing Services GmbH, Krefeld
Druck: Beltz Bad Langensalza GmbH, Bad Langensalza